CPMA教育委员会 组织编写

零基础学

专业

美甲

U0385262

化学工业出版社

· 北京 ·

内容简介

本书与当下美甲市场紧密结合,以文字结合大量图片的形式介绍美甲的相关知识和专业技术。具体来讲,本书首先介绍了美甲基础理论与基础护理,之后介绍了凝胶美甲、贴甲片、水晶甲、光疗甲和美甲基础技法,最后讲解了美甲喷绘、美甲彩绘、美甲进阶技法。

书中案例图案精美,步骤分解细致,可以帮助读者轻松地掌握美甲基础技法,提升美甲水平。本书适用于刚入门美甲师、零基础新手以及美甲爱好者,希望能助力普通美甲师蜕变成更专业的美甲师!

图书在版编目(CIP)数据

零基础学专业美甲 / CPMA 教育委员会组织编写 . —
北京 : 化学工业出版社 , 2021.6(2025.2重印)
ISBN 978-7-122-38955-8

Ⅰ . ①零⋯ Ⅱ . ① C⋯ Ⅲ . ①美甲 Ⅳ . ① TS974.15

中国版本图书馆 CIP 数据核字(2021)第 066498 号

责任编辑:徐 娟 装帧设计:中图智业

责任校对:张雨彤 封面设计:刘丽华

出版发行:化学工业出版社(北京市东城区青年湖南街13号 邮政编码100011)

印 装:北京瑞禾彩色印刷有限公司

787mm×1092mm 1/16 印张12½ 字数250千字 2025年2月北京第1版第5次印刷

购书咨询:010-64518888 售后服务:010-64518899

网 址:http://www.cip.com.cn

凡购买本书,如有缺损质量问题,本社销售中心负责调换。

定 价:78.00元

前言

　　随着中国经济的快速发展，消费观念的更新，中国的美甲行业将进入高速发展的阶段，消费群体逐渐扩大，美甲不但将更为时尚，也将更为寻常。据调查统计，在中国有 70% 女性愿意到美甲店享受服务，随着我国富裕阶层逐渐扩大，这个群体还将不断扩大。从欧美日韩等发达国家的经验来看，其国内女性对待美甲就像每天漱口一般寻常，而这也正是中国美甲行业未来的一个必然趋势。

　　本书由 CPMA 教育委员会组织中外顶尖的 30 名美甲师编写，与当下美甲市场紧密结合，介绍美甲的相关知识和展示大量图片。书中的案例图案精美，步骤分解细致，可以帮助读者轻松地掌握美甲基础技法，提升美甲水平。

　　希望本书能起到这样的作用：①让读者体会到美甲是艺术与技术融合的艺术品，而非地摊货；②让美甲师和美甲店认识到只有将服务项目做到细微化、人性化、多样化、才是根本的发展之路；③让更多的人学会美甲，从中体会到美甲的快乐与自信。

　　总之，本书将引导中国美甲培训与国际先进的美甲技术全面接轨。

职业美甲师开端必学

美甲基础课堂视频
二维码

编者
2021 年 4 月

目录

第 1 章
美甲基础理论

相传从古埃及时代开始，人们便有在指甲上着色的习惯，到了现代经过了各式各样的变化，发展了如今的技术。如今美甲越来越受到广大群众的喜爱，那么作为一名美甲师该如何打造专业形象？店铺服务记录该如何开展？希望读者通过本章的学习了解更多美甲师必备的基础知识。

1.1 美甲的概念

美甲（manicure）这个词最早出现于拉丁文，是由拉丁语中的手（manus）和护理（cure）两个词组合而成的。美甲是一门技术课程，同时又具有着丰富的文化艺术内涵。它根据顾客的手形、甲形、肤色、服饰以及审美要求，运用专业的美甲工具、设备及材料按照专业方法进行操作，对手部、脚部的指（趾）甲表面进行清理、护理、保养、修整及美化设计的工作。

1.2 美甲的历史和发展

从有历史记载开始，人类就注重美容打扮。在人类历史的每个时期都会产生出现美发、护肤以及美甲的新方法。而在 21 世纪的今天，科学家和美容专家们在传统美容方法的基础上，更是突破性地创新造了更多美容产品与技术。

1.2.1 古埃及时代

人类历史上最早的有与化妆有关的记录是从古埃及这个时代开始的。据记载，作为化妆的一部分，古埃及人就已经使用矿质、昆虫和莓果作为原材料，来为眼睛、嘴唇、皮肤和指甲做美化。埃及人还使用海娜（别名指甲花）来染头发，或者将指甲染成大红色。在古埃及和罗马帝国时期，军队的指挥官在重要的战役之前，会将自己的指甲和嘴唇染成相配的红色来彰显气势。

1.2.2 中国古代

在中国，从商朝（约公元前 1600 年）开始，贵族们便开始将阿拉伯树胶、明胶、蜂蜡和鸡蛋清混在一起制成有色的混合物，在指甲上揉搓、摩擦，最终将指甲染成深红色或者乌黑色。周朝（约公元前 1046 年）时金银制的指甲是仅供皇室成员使用的，指甲的颜色开始成为社会地位的一种重要象征，如果平民百姓被发现擅自使用了代表皇室的指甲颜色，会被处以死刑。长指甲作为古代皇族、贵族的身份标志，有些贵族甚至会佩戴用黄金和珠宝做装饰的指套护具来保护象征着大富大贵的长指甲不受毁坏。

1.2.3 古希腊

在古希腊的黄金时代（始于公元前 500 年），古希腊人建设了设计精致又复杂的浴场，并发明了头发造型和对皮肤和指甲做保养的好方法，希腊的将军和士兵在战役开始前都会把嘴唇和指甲染成红色，以提高士气。妇女们则将白色铅粉涂抹在脸部，并在眼部涂上眼影粉。妇女们脸颊和嘴唇上的红色来源于一种绝妙的矿物质——朱砂。有趣的是，当时的这些美容产品的粉状和膏状形态，依然是当今现代化妆品的构成基础。

1.2.4 古罗马

为了赞扬美容能使人的外貌改变的力量之大，古罗马的哲学家柏拉图曾写道："没有对自己外貌做美化的女性，就如同没有放盐的食物，味同嚼蜡。"古罗马的妇女们用白垩和白色铅粉的混合物作为面部使用的粉末。古罗马人也会用头发的颜色来显示自己的阶级身份：贵族女性将头发染成红色，中产阶级的女性将头发弄成金色，而平民女性只能保持黑色的发色。但是无论男女都会用羊血与油脂的混合物来为指甲增添颜色。

1.2.5 中世纪

在欧洲史上，中世纪始于476年罗马帝国的灭亡，于14世纪古典文艺复兴时期衰落。中世纪时期保留下来的织锦、雕塑和其他手工艺品等向人们展示了当时女性们高耸的头饰、繁复的发型以及如何使用美容品来护肤和护理头发。当然她们也会在脸颊上和嘴唇上涂抹颜色，但不包括眼部和指甲。

1.2.6 文艺复兴时期

在文艺复兴时期（14～16世纪），西方文明逐渐由中世纪向现代文明转化。这一时期的画作及记载向世人表明了当时就已经有关于梳妆打扮的训练培养了。不论男女都会穿着繁复的服饰，使用香料和美容品，会为嘴唇、脸颊和眼部画上浓重的妆容，但指甲是不被允许上色的。只有贵族才能护理他们的指甲，普通百姓是不能美化指甲的。考古学家曾经挖掘出文艺复兴时期的美容工具，其中包括用骨头或金属制成的指甲清洁工具，有些是普通耳勺的一倍大小。

1.2.7 维多利亚时期

维多利亚时期（1837～1901年），各地的社会习俗影响着人们的衣着打扮。为了保持皮肤的健康和美丽，女性会使用蜂蜜、鸡蛋、牛奶、燕麦、水果、蔬菜以及其他天然的材料所制造出的面膜来敷在脸上。比起使用腮红或者唇膏，维多利亚时期的女性们更喜欢通过掐脸颊或者咬嘴唇等方法来产生自然的红色，有时候她们也会在指甲上点上红色的油然后用仿羚羊皮棉织物来抛光指甲表面。

1.2.8 20世纪

在20世纪早期，人们注意到名人们都有着完美无瑕的面容、美丽的发型以及精心修护过的指甲，于是衡量女性是否美丽的标准也开始有了变化。这个重大的变化同时也成为美容行业化开始的预兆。在20世纪产生了一批值得记载的创新成就：光疗胶的诞生横扫了整个美甲产业，更新了人们对美甲的认知，美甲变得更加安全与持久。其次，美甲师遇到前所未有的就业机遇，与此同时，消费者对指甲护理服务的要求达到新的高度，这要求美甲师的美甲技术和服务技能必须同步提高。

1.2.9　21世纪

　　21世纪，美甲产业不断高速发展，美甲进入更多爱美人士的生活。顾客不断提出新的要求，为此美甲师需要拥有高级的美甲技术来满足顾客，而技法达标的美甲师在市场上相当有限，因此，美甲行业一度出现美甲技师短缺的情况。其次，光疗胶在整个行业中盛行，做出的美甲被称为"光疗甲"，光疗甲维持时间长，保持效果好，因此被整个行业广泛认可与接受。目前，更多成分天然、无毒无害的指甲护理产品随之产生，使美甲师有了更多的选择；人们对手部护理和脚部护理的消费需求也持续增长。

知识便签

1.3　美甲的类别

美甲具有色彩丰富、造型多变、表达形式多样的特征，因此，分类的标准繁多。总体上可分为实用型、观赏型及表演型美甲三大类。

实用型美甲与日常生活最为相关，适用于上班、宴会、家居等日常场合。实用型美甲不仅可以起到美化指甲提升整体魅力的作用，也能在丰满、坚固、加长自然指甲的同时起到修复残甲、矫正畸形指甲的作用。根据制作方式和材料，实用型美甲又可分为以下几类。

1.3.1　纯色美甲

纯色美甲即仅涂抹颜色、不做款式的美甲，见图 1-1。它简约而百搭，是最常见的美甲类型。

图 1-1　纯色美甲

1.3.2　彩绘美甲

彩绘美甲是指用彩绘胶或丙烯颜料在甲面上绘出图案，见图 1-2。它能展现个性，带给我们艺术的陶冶和美好的享受。

图 1-2　彩绘美甲

1.3.3　水晶美甲

水晶美甲是目前多种美甲工艺中最受欢迎的一种，其特点是能从视觉上改变手指形状，给人以修长感，从而弥补手型不美的遗憾，如图 1-3 所示。

图 1-3 水晶美甲

1.3.4 光疗美甲

光疗美甲是一种通过紫外线经过光合作用而使光疗凝胶凝固的先进仿真甲技术，采用纯天然树脂材料，具有保护指甲、甲面的功能，还能有效矫正甲形，使指甲更纤透、动人，如图1-4所示。

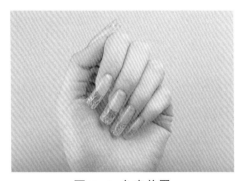

图 1-4 光疗美甲

1.3.5 贴片美甲

贴片美甲利用专业贴片胶水将甲片贴在指甲表面，从而打造修长的甲形，如图1-5所示，其中贴片可分为全贴、半贴和法式贴三种类型。

图 1-5 贴片美甲

1.4 指甲的结构

1.4.1 指甲各部位的名称

指甲是由皮肤衍生而来，其生长的健康状况取决于身体的健康情况、血液循环和体内矿物质含量。指（趾）甲分为甲板、甲床、甲壁、甲沟、甲根、甲上皮、甲下皮等部分。指甲的生长是由甲根部的甲基质细胞增生、角化并越过甲床向前移行而成。

图 1-6 是指甲解剖图，图 1-7 是侧面指甲解剖图。

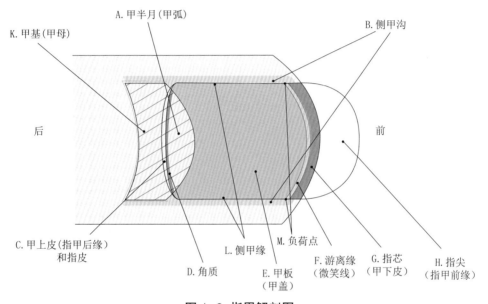

图 1-6 指甲解剖图

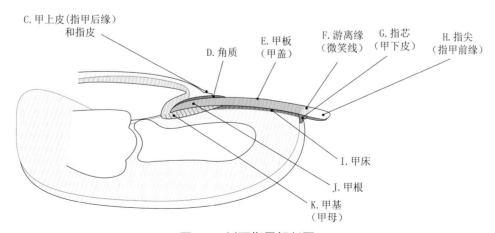

图 1-7 侧面指甲解剖图

A. 甲半月（甲弧）

甲半月位于甲根与甲床的连接处，呈白色，半月形，又称甲弧。需要注意的是，甲板并不是坚固地附着在甲基上，只是通过甲弧与之相连。

B. 侧甲沟

侧甲沟是指沿指甲周围的皮肤凹陷之处，甲壁是甲沟处的皮肤。

C. 甲上皮（指甲后缘）和指皮

指甲后缘指的是指甲伸入皮肤的边缘地带，又称甲上皮。指皮是覆盖在指根上的一层皮肤，它也覆盖着指甲后缘。

D. 角质

角质是甲上皮细胞的新陈代谢产生的。

E. 甲板（甲盖）

甲板又称甲盖，位于指皮与指甲前缘之间，附着在甲床上。由3层软硬间隔的角蛋白细胞组成，本身不含有神经和毛细血管。清洁指甲前缘下的污垢时不可太深入，避免伤及甲床或导致甲板从甲床上松动，甚至脱落。

F. 游离缘（微笑线）

游离缘位于甲床前端，又称微笑线。

G. 指芯（甲下皮）

指芯是指指甲前缘下的薄层皮肤，又称甲下皮。打磨指甲时注意从两边向中间打磨，切勿从中间向两边来回打磨，否则有可能使指甲断裂。

H. 指尖（指甲前缘）

指尖是指甲顶部延伸出甲床的部分，又称指甲前缘。

I. 甲床

甲床位于指甲的下面，含有大量的毛细血管和神经，由于含有毛细血管，所以甲床呈粉红色。

J. 甲根

甲根位于皮肤下面，较为薄软，其作用是以新产生的指甲细胞推动老细胞向外生长，促进指甲的更新。

K. 甲基（甲母）

甲基位于指甲根部，又称甲母，其作用是产生组成指甲的角蛋白细胞。甲基含有毛细血管、淋巴管和神经，因此极为敏感。甲基是指甲生长的源泉，甲基受损就是意味着指甲停止生长或畸形生长。做指甲时应极为小心，避免伤及甲基。

L. 侧甲缘

侧甲缘是指甲两边的边缘。

M. 负荷点（A、B 点）

负荷点是游离缘和侧甲缘的连接点，又称 A、B 点。

1.4.2　指甲的组成

表皮角质层经过特殊分化，使极薄的角质片堆积成云母状构造，从而形成指甲，如图 1-8 所示。其中表层、内层由薄角蛋白直向连接形成，中层由最厚的角蛋白横向连接形成。也就是说这三层结构使指甲不仅强硬，且兼备柔韧性。

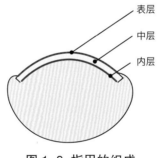

表层
中层
内层

图 1-8　指甲的组成

1.4.3　指甲的成分

指甲的主要成分为纤维质的角蛋白。指甲的角蛋白聚集了氨基酸，含硫的氨基酸量多就会形成硬角蛋白，量少就会形成软角蛋白。皮肤的角质为软角蛋白，毛发及指甲为硬角蛋白。

1.4.4　指甲的形成

指甲与皮肤表皮的成分同样为角蛋白质，而它们的区别在于：皮肤表皮的角质层脱核后最终会形成皮屑或皮垢脱落，不断新陈代谢。而甲基产生的特殊角质只会不断堆积，从而形成指甲，使指甲生长、变长。

1.4.5 指甲的固定点

　　甲盖覆盖于甲床上，指甲后缘、两侧甲缘、甲下皮四点使甲盖得以固定。图1-9所示是指甲的固定点。

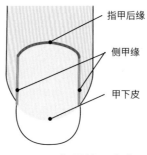

指甲后缘

侧甲缘

甲下皮

图1-9　指甲的固定点

知识便签

_____

_____

_____

_____

_____

_____

_____

_____

_____

_____

_____

_____

1.5 指甲的颜色异常

指甲有丰富的微细血管和神经末梢，在一定程度上反映了全身的健康状况。健康的指甲是粉红色的，有充足的血液供应。指甲的颜色变化或异常，往往是营养缺乏或其他潜在症状造成的。

（1）指甲发白

贫血常会造成指甲发白，发灰。当顾客有贫血、心脏或肝的毛病时指甲会显得苍白而无血色，薄而软。

（2）指甲发蓝

指甲发蓝是由于肺部供氧不足所至。大多在气温低的情况下发生，也可能是全身血液循环不良或某种心肺疾病的症状。

（3）甲弧影青紫

甲弧影青紫多见于血液循环不好的心脏病患者。由于血液循环不好，肢端静脉缺氧造成。除建议去医院治疗外，还可以通过按摩促进血液循环改善状况。

（4）黄色指甲

黄色指甲的产生原因较多，可能是抽烟或接触各类化学制品所导致。如果甲质软而脆，指甲表面症状发生改变，则可能因真菌感染所造成，如果指甲生长减慢、增厚，表面又变得十分坚硬，呈现黄色、绿色，可能是由于慢性呼吸道疾病、甲状腺或淋巴疾病造成。

（5）黑色指甲

黑色指甲是由于缺乏维生素 B12，长期接触水银药剂、染发剂等，或由于真菌感染而造成的。

（6）绿色指甲

指甲上的绿色斑点是绿脓菌感染所造成的霉变点。常出现在因为在美甲操作中消毒不当或人造指甲起翘，不能及时修补使霉菌侵入而造成。

（7）棕色指甲

棕色指甲往往是由细菌或真菌感染所造成的慢性甲沟炎、灰指甲。

（8）棕褐色指甲

棕褐色指甲是长期使用含氧化剂的药膏或劣质指甲油所造成的，如小块或大片斑点地分布在大拇指和大脚趾上，也可能是恶性肿瘤的信号。

1.6 常见的指甲失调与处理方法

熟悉和了解常见的指甲失调状态，有利于美甲师为顾客做出准确判断，并采用正确的处理方法和美甲方式。

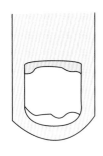

指甲萎缩

指甲萎缩是因为经常接触化学品使指芯受损、指甲失去光泽，严重时会使整个指甲剥落。

处理方法

- 指甲萎缩不严重时，可以直接制作水晶甲或光疗甲，但要注意卡上纸托板的方法。
- 指甲萎缩使指芯外露时，可以采用残甲修补法，先制作出指甲前缘，再做水晶甲。
- 指甲萎缩严重（萎缩部分超过甲盖上部1/3）并伴有炎症时，应建议顾客去医院治疗。

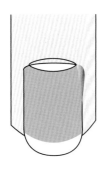

甲沟破裂

甲沟破裂是因为进入秋冬季时，气温逐渐下降，皮肤腺的分泌随之减少，手、脚暴露在外面的部分散热面大，手上的油脂迅速挥发，逐渐在甲沟处出现裂口、流血等破损现象。

处理方法

- 适当减少洗手次数，洗完后，用干软毛巾吸干水分，并擦营养油保护皮肤。
- 定期做蜜蜡手护理。
- 多食用胡萝卜、菠菜等富含维生素A的食物。

指甲淤血

指甲淤血指的是指甲下呈现血丝或出现蓝黑色的斑点，大多数由于外力撞击、挤压、碰撞而成，也有的是受猪肉中旋毛虫感染或肝病所影响造成。

处理方法

- 如果指甲未伤至甲根、甲基，则指甲会正常生长。可以进行自然指甲修护，为甲面涂抹深色甲油加以覆盖。
- 各类美甲方法均可使用，主要是要注意覆盖住斑点部分。
- 如果指甲体松动或伴有炎症，应请顾客去医院治疗。

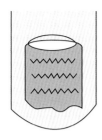

咬残指甲

　　咬指甲是一个不好的习惯，多为神经紧张所致。

处理方法

- 可以做水晶甲，不但可以美化指甲，还有助于改掉坏习惯。
- 细心修整指甲前缘，并进行营养美甲。
- 鼓励顾客定期修指甲和进行正确的营养调理。

甲刺

　　甲刺是因为手部未保持适度滋润而使指甲根部指皮开裂，长出的多余皮肤，或由于接触强烈的甲油去除剂或清洁剂而造成。

处理方法

- 做指甲基础护理，使干燥的皮肤润泽，用死皮剪剪去多余的肉刺。注意不要拉断，避免拉伤皮肤。
- 涂抹含有油分较多的润肤剂，并用手轻轻按摩。
- 为避免指皮开裂感染而发炎，用含有杀菌剂的皂液浸泡手部，手部护理后，再涂敷抗生素软膏，效果会更理想。

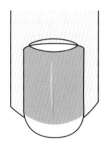

甲嵴

　　甲嵴由指甲疾病或者外伤造成，指甲又厚又干燥，表面有嵴状凸起，可以通过打磨使指甲完整。

处理方法

- 此种情况用砂条进行打磨或海绵锉进行抛磨即可。

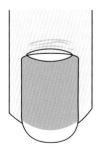

指甲软皮过长

　　长期没有做过指甲基础护理和保养，老化的指皮在指甲后缘过多地堆积，形成褶皱硬皮，包住甲盖，会使指甲显得短小。

处理方法

- 将指皮软化剂涂抹在死皮处，用死皮推将过长的死皮向指甲后缘推动，或用专业的死皮剪将多余的死皮剪除。
- 蜜蜡护理法，使指皮充分滋润、软化后再推剪死皮。
- 自我护理法。淋浴后，用柔软的毛巾裹住手指，轻轻将指皮向后缘推动。将按摩乳液涂抹在手指上，给予按摩。
- 建议顾客到专业美甲店进行定期的手部护理保养。

蛋壳形指甲

　　指甲呈白色，脆弱薄软易折断，指甲前缘常呈弯曲前勾状，并往往伴有指芯外露或萎缩的现象，指甲失去光泽。此类指甲大多数是由遗传、受伤或慢性疾病等情况所造成的。

处理方法

- 定期做指甲基础护理，加固指甲，使指甲增加营养，增加硬度。
- 因为指甲弯曲前勾，不适于贴甲片，只适合做水晶甲和光疗甲。在做水晶甲与光疗甲时应注意轻推指皮但不能用金属推棒；选择细面砂条进行刻磨，避免伤害本甲；修剪指甲前缘时，应先剪两侧，后剪中间，避免指甲折断。
- 上纸托板时，避免刺激指芯。

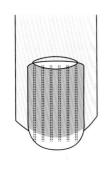

指甲起皱

　　指甲起皱表现为指甲表面出现纵向纹理，一般是由疾病、节食、吸烟、不规律的生活、精神紧张所造成的。

处理方法

- 一般情况下，不影响做美甲。此类指甲表面比较干燥，定期做指甲基础护理并建议顾客做合理的休息及调养，会使表面症状得到缓解。
- 美甲时，表面刻磨时凹凸不平的侧面都要刻磨到位。

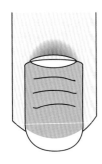

甲沟炎

　　甲沟炎即在甲沟部位发生的感染。多因甲沟及其附近组织刺伤、擦伤、嵌甲或拔甲刺后造成。感染一般由细菌或真菌感染所引起，特别是白色念珠菌会造成慢性感染，并有顽强的持续性。

处理方法

- 保护双手（脚），不要长时间在水中或肥皂水中浸泡，洗手（脚）后要立即擦干。
- 正确修剪指甲，将指甲修剪成方形或方圆形，不要将两侧角剪掉，否则新长出的指甲容易嵌入软组织中。
- 如果患处已化脓，应消毒后将疮刺破让脓流出，缓解疼痛，并使用抗真菌的软膏轻敷在创口处。
- 情况严重者，应尽快就医。化脓、炎症期间不能做美甲。

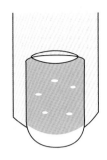

白斑甲

　　白斑甲是由于缺乏锌元素，或指甲受损、空气侵入所造成，也可能由于长期接触砷等重金属中毒，而使指甲表面产生白色横纹斑，另外也可能是由于指甲缺乏角质素。

处理方法

- 此种情况建议顾客定期做手部基础护理和美甲即可。

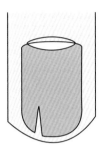

指甲破折

　　指甲破折主要是由长期接触强烈的清洁剂、显影剂、强碱性肥皂及化学品造成的。美甲师长期接触卸甲液、洗甲水等含有丙酮及刺激性的化学物质，或者剪锉不当，手指受伤、关节炎等身体疾病影响都会造成指甲破裂。

处理方法

- 从指甲两侧小心地剪除破裂的指尖。
- 做油式电热手护理或定期做蜜蜡手护理可以缓解。
- 工作时戴防护手套，避免长期接触化学品造成侵蚀。
- 多食用含维生素 A、维生素 C 的蔬菜和鱼肝油。
- 做水晶甲可以改变和防止指甲破裂。

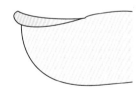

勺形指甲

　　勺形指甲是缺乏钙质、营养不良，尤其是缺铁性贫血的症状。

处理方法

- 定期做手部营养护理。
- 多食用绿色蔬菜、红肉、坚果（尤其是杏仁）之类富含矿物质的食物。
- 做延长甲时应修剪上翘的指甲前缘，并填补凹陷部位，注意卡纸托板的方法。

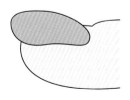

指甲过宽或过厚

　　指甲过宽或过厚多半发生在脚趾甲上，主要由于缺乏修整或鞋子过紧造成。遗传、细菌感染或体内疾病都会影响指甲的生长。

处理方法

- 做足部基础护理。
- 用细面砂条打磨过厚部分。

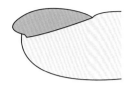

指芯外露

经常接触碱性强的肥皂和化学品，或清理指尖时过深地探入，损伤指芯，都容易造成指芯明显向甲床萎缩，指尖出现参差不齐的现象，严重时会导致指甲完全脱落。

处理方法

- 避免刺激指芯。
- 平时接触化学品后，应用清水清洗干净，并定期做手部护理，在指甲表面涂上营养油，促使指甲迅速恢复正常。
- 稍有指芯外露现象，可以做美甲服务。做延长甲时，应注意纸托板的上法。
- 指甲萎缩情况严重并伴有炎症时，不能做美甲服务，应该去医院治疗。

嵌甲

嵌甲是甲沟炎的前期，大多数发生在脚趾甲上，主要是穿鞋过紧或修剪不当所造成。女性长期穿高跟鞋，给脚部增加压力，会造成指甲畸形生长。

处理方法

- 此种情况应建议顾客及时就医。

知识便签

_____

_____

_____

_____

_____

_____

_____

_____

第 2 章
指甲的护理

美丽指甲的基本条件就是健康。保持指甲的健康，让损害的指甲恢复健康的技术就是指甲护理。指甲护理是所有美甲技术的基础，也是美甲师工作的基本。本章从常用工具入手，介绍常用工具的消毒方法，还详细剖析了各种甲形的修磨要点。希望读者通过本章的学习，了解最专业、最安全的指甲护理技法。

2.1 常用工具与桌面布置

2.1.1 常用的美甲工具与材料

美甲的工具种类繁多，可以大致分为修磨工具、清洁工具、辅助工具以及甲油配套工具。

（1）修磨工具

美甲中常用的修磨工具有指甲钳、死皮推、死皮剪、U形剪、海绵锉、厚款砂条、薄款砂条、抛光条，如图2-1~图2-8所示。

图2-1 指甲钳

注：指甲钳用于修剪指甲前缘。

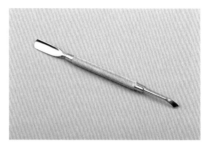

图2-2 死皮推

注：死皮推用于推除指甲周边软化的死皮。

图2-3 死皮剪

注：死皮剪用于修剪指甲两侧与后缘的死皮、甲刺。

图2-4 U形剪

注：U形剪用于剪除人造甲或贴片甲。

知识便签

图 2-5　海绵锉

注：海绵锉表面砂砾较细，可用于修整甲面以及甲缘。

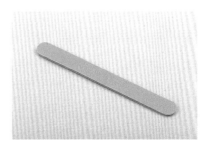

图 2-6　厚款砂条

注：厚款砂条的刻磨力度较大，用于打磨甲面，建议用于修磨人造甲。

图 2-7　薄款砂条

注：薄款砂条的圆端可用于打磨，尖端可用于精修，有利于打造精细甲形，可用于修磨本甲。

图 2-8　抛光条

注：抛光条表面光滑，可用于抛光，有粗细面之分，可来回抛磨。

知识便签

_____

_____

_____

_____

_____

_____

_____

Tips:

海绵锉和砂条正反两面均有不同型号，数字越大，砂砾的颗粒越小，摩擦力度更为温和。颗粒大的一面称为粗面；反之则是细面。使用时，要单向磨甲，不可来回打磨。

举例如下。

- 100#砂条：颗粒较粗，主要用于：①水晶甲、光疗甲的甲型基本打磨；②在水晶甲、光疗甲、贴甲片前。
- 180#砂条：颗粒较细，主要用于：①水晶甲、光疗甲在指皮周围最后的甲型修磨；②水晶甲、光疗甲甲面的打磨；③自然甲甲形的修磨。
- 100#海绵锉：颗粒较粗，主要用于水晶甲、光疗甲、贴甲片后的抛磨。
- 180#海绵锉：颗粒较细，主要用于自然指甲甲面的抛磨。

关于砂条和海绵锉，这里还会涉及四个概念。

- 打磨：用砂条中间部分单向打磨。
- 刻磨：用砂条的一端竖向刻磨。
- 抛磨：用海绵锉的一端单向抛磨。
- 修磨：用砂条或海绵锉的边缘修磨。

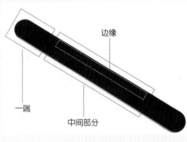

砂条解析图

（2）清洁工具和材料

美甲中常用的清洁工具有硬毛清洁刷、粉尘刷、桔木棒、棉花、棉片、95度酒精、75度酒精，如图2-9～图2-15所示。

图2-9 硬毛清洁刷

注：硬毛清洁刷用于扫除浸泡双手后甲面残余的指缘软化剂。

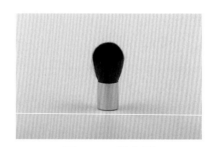

图2-10 粉尘刷

注：粉尘刷毛质较软，用于扫除甲面多余粉屑。

图 2-11　桔木棒

注：桔木棒可制作棉棒，用于清除侧甲沟或指甲后缘不慎沾染的指甲油或胶水。

图 2-12　棉花

注：棉花可吸收酒精或清洁液，用于清洁指甲，通常与桔木棒配合使用。

图 2-13　棉片

注：棉片可吸收酒精或消毒剂，用于清洁甲面或擦拭浮胶。

图 2-14　95 度酒精

注：95% 酒精，俗称 95 度酒精或 95° 酒精，可用于擦拭甲面浮胶。盛放容器是压取瓶，便于取适当的剂量。

图 2-15　75 度酒精

注：75% 酒精，俗称 75 度酒精或 75° 酒精，可用于清洁甲面及消毒双手。盛放容器是压取瓶，便于取适当的剂量。

（3）辅助工具

美甲中常用的辅助工具有托盘、消毒杯、小剪刀、镊子、泡手碗、小碗、毛巾、无纺布、带盖收纳盒、锡纸，如图2-16~图2-25所示。

图 2-16 托盘

注：托盘用于盛放工作时所需工具和材料。

图 2-17 消毒杯

注：消毒杯用于盛放直接接触皮肤的工具，杯底需放置沾满75度酒精或消毒剂的棉花用于消毒。

图 2-18 小剪刀

注：小剪刀用于裁剪纸托或装饰贴纸等精细处剪切。

图 2-19 镊子

注：镊子用于镊取小件装饰品或夹取棉花。

图 2-20 泡手碗

注：泡手碗内可倒入38~42摄氏度的适量温水，浸泡手指，软化死皮和指甲周边角质。

图 2-21 小碗

注：小碗用于装清水，便于死皮推沾水或拇指包裹无纺布后沾水，软化指部死皮与硬茧。

图 2-22　毛巾

注：毛巾可用于擦净双手水分，毛
巾颜色应选择浅色系。

图 2-23　无纺布

注：无纺布可垫于手下，收集美甲过
程中的粉屑和脏物。

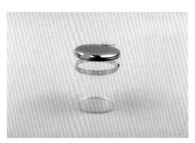

图 2-24　带盖收纳盒

注：带盖收纳盒可用于放置干净的
棉片或棉花。

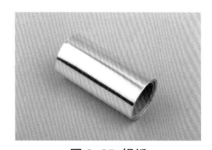

图 2-25　锡纸

注：锡纸用于卸除甲油胶，与卸甲水、
棉花配合使用。

（4）甲油配套产品

甲油配套产品包括软化剂、底油、指甲油、亮油、洗甲水、营养油，如图 2-26 ~ 图 2-31 所示。

图 2-26　软化剂

注：软化剂可用于软化甲刺与硬茧，
便于去除角质。

图 2-27　底油

注：底油可增强彩色指甲油的附着力，
保护本甲。

图 2-28　指甲油

注：指甲油具有多种颜色，可根据喜好和需要选用。

图 2-29　亮油

注：亮油用于保护彩色指甲油，使其保持光泽。

图 2-30　洗甲水

注：洗甲水可用于卸除甲面的指甲油。

图 2-31　营养油

注：营养油用于滋润指甲周围的皮肤，防止指甲周围的皮肤产生皲裂和甲刺。

知识便签

2.1.2　桌面布置

美甲师应将所用的工具、材料收纳在托盘中，并根据使用情况从高至低依次摆放，操作时也应该尽可能地保持卫生的状态。桌面的工具摆放应注意：所用工具与材料不能沾上灰尘，所有胶类产品与美甲笔不能被光源照射，保持桌面时刻处于干净整洁的状态，准备垃圾袋或带盖垃圾箱储存操作中产生的垃圾。

图 2-32 是美甲师桌面布置图。桌面上需放置手枕、托盘、消毒工具等。

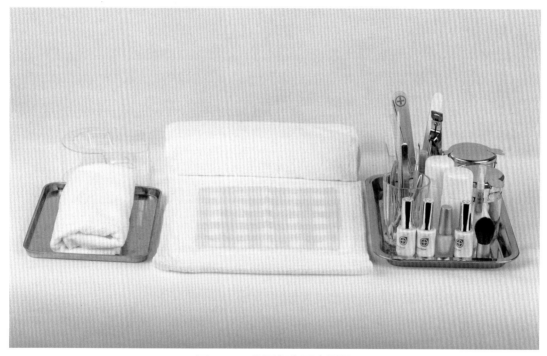

图 2-32　美甲师桌面布置图

注：本图是习惯右手操作的美甲师的桌面布置，如果美甲师习惯左手操作可将位置左右调整。

（1）手枕

手枕垫于顾客手下，并用毛巾包裹起来，如图 2-33 所示。使用手枕可便于美甲，也使顾客感到舒适。

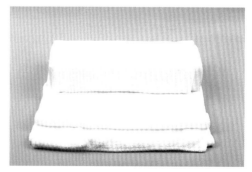

图 2-33　手枕

（2）托盘

将所用的工具、材料收纳在托盘中，并根据使用情况从高至低依次摆放，如图2-34所示。

图 2-34 托盘内摆设

（3）消毒工具

将需要直接接触皮肤的工具放入玻璃杯中，杯底需铺上沾满75度酒精的棉花用于消毒，如图2-35所示。

图 2-35 消毒工具

知识便签

2.2 消毒法

消毒的目的在于保持美甲店及美甲工具清洁从而促进公共卫生，预防疾病。为避免细菌通过手、指甲传播疾病，美甲师应具有消毒习惯。

2.2.1 各种消毒层面的含义

（1）洗净

洗净指洗净肉眼可见的脏物，是消毒前必要的步骤。

（2）消毒

消毒是杀死病原微生物、但不一定能杀死细菌芽孢的方法。

（3）杀菌

杀菌指指杀灭物体中的致病菌，物体中还含有芽孢、嗜热菌等非致病菌。

（4）灭菌

灭菌就是采用强烈的理化因素杀灭或者消除传播媒介上的一切微生物，包括致病微生物和非致病微生物，也包括细菌芽孢和真菌孢子。

（5）防腐

防腐是指通过采取各种手段，保护容易锈蚀的金属物品，来达到延长其使用寿命的目的。

知识便签

2.2.2 消毒工具

细菌的传播途径非常多，不干净的美甲工具也是其中之一，所以美甲师一定要做到"一客一换"，用过的工具都要消毒，用带盖容器保存棉花、棉片等用品，最好使用一次性的工具。

图 2-36 紫外线消毒柜

（1）消毒工具按消毒性质分类

物理消毒法：是直接将美甲工具煮沸，或放入蒸汽消毒柜、紫外线消毒柜（图 2-36）。

> ◤ Tips：**紫外线消毒灯**
>
> ● 太阳光线中，比我们可看见的光线（可见光）波长要短的光线，我们称之为紫外线。根据波长可分为 A～C 波三类。波长最短的 C 波具有很强的杀菌力，可用于消毒。消毒时最好使用 85 微瓦/平方厘米以上，照射时间为 20 分钟以上。大部分材质消毒时不会受损，受影响的器具不适用于此。
> ● 紫外线消毒器使用前的注意事项如下。紫外线消毒器内反射板上有雾气或是附有污渍时将无法充分进行照射。因此使用前请使用消毒用酒精进行擦拭。

化学消毒法：将美甲工具泡在 75 度酒精、消毒剂中，或放入臭氧消毒柜。

（2）消毒工具按工具材质分类

金属类工具：常规消毒可先用洗涤剂洗净，再用 75 度酒精擦拭消毒，擦净工具后放入消毒柜进行杀菌，最后放到干净的位置妥善保管。

沾血后消毒可先用洗涤剂洗净，再用 75 度酒精浸泡消毒，擦净工具后放入消毒柜中进行杀菌，最后放到干净的位置妥善保管。

非金属类工具：常规消毒可先用洗涤剂洗净，再擦干晾凉，最后放到干净的位置妥善保管。

沾血后的非金属类工具必须丢弃。

知识便签

_____

_____

_____

_____

2.2.3　双手消毒

消毒前，手上最好不要佩戴任何物品，如手表或戒指等，因为这些物品会妨碍手指洗净、消毒，导致皮肤细菌的滋生。日常双手消毒步骤为：先用洗手液或皂液洗净双手，再用棉片蘸取 75 度酒精擦拭双手，注意指缝也要消毒到位。

Tips：

- 接触过血液、液体等肉眼可辨识的脏污后，在普通擦拭消毒剂无法清除的情况下，应使用流动水源与肥皂清洗手部 15 秒以上。
- 美甲师和客人的手都必须进行同样的消毒程序。

2.2.4　指甲消毒

指甲消毒是非常必要的步骤。一旦指甲与美甲材料中沾有杂质，会导致美甲出现异常的问题。在实施清洁的时候，要注意指甲里很容易藏污纳垢，所以要用粉尘刷或棉片将灰尘完全除去，再用 75 度酒精等消毒剂来进行消毒。注意消毒过后的指甲一定不能用手指触碰，且务必给予甲面等待干燥的时间。日常指甲消毒步骤为：先用洗手液或皂液洗净双手，再用棉片蘸取 75 度酒精擦拭整甲，注意指甲内侧也要消毒到位。

2.2.5　处理出血伤口

如果在操作中手指受伤出血了，应马上停止美甲服务，并进行擦拭消毒，再涂抹防感染药物，然后包扎。

Tips：

处理出血伤口时常用以下药物。
- 双氧水：用于刺伤、割伤及其他类型伤口的清洗消毒处理。
- 75 度酒精：用于消毒小伤口及周围皮肤。
- 云南白药：用于伤口止血。粉末状，使用时要注意说明。
- 创可贴：用于包扎已消过毒的小型伤口。

知识便签

2.2.6 消毒双手

消毒双手用到的工具和材料有：棉花或厚棉片、75 度酒精。

消毒双手的标准流程如下。

1 将适量的酒精喷到棉花或厚棉片上

2 消毒手背

3 消毒手心

4 消毒指缝

5 消毒指甲

6 用同样方法消毒另一只手

7 再将酒精喷到新的棉花或厚棉片上

8 消毒客人双手

9 用同样方法消毒客人另一只手

2.3　五种基础甲形

2.3.1　基础修甲手法

基础修甲用到的工具和材料有：砂条、海绵锉、粉尘刷。

基础修甲的标准流程如下。

1　砂条，有粗细不一的两面

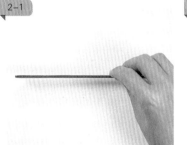

2　手持砂条时，应该用四指握住砂条的一面，并用大拇指顶住另一面，用细面修磨，注意力度的掌控

3　通常先修磨指甲前缘，砂条与甲面呈 45 度，单向修磨

4　修磨指甲两侧，注意修磨至两侧平行，拐角弧度一致

5　用海绵锉去除甲缘多余的毛屑

6　用粉尘刷扫除多余粉屑

完成，指甲拐角处对称，两侧平行

侧面弧形自然，干净无粉尘

2.3.2　五种基础甲形

（1）方形指甲

方形指甲最不易断裂，富有个性，适合笔直的手指，受职业女性和白领阶层喜爱。
修磨方形指甲的流程如下。

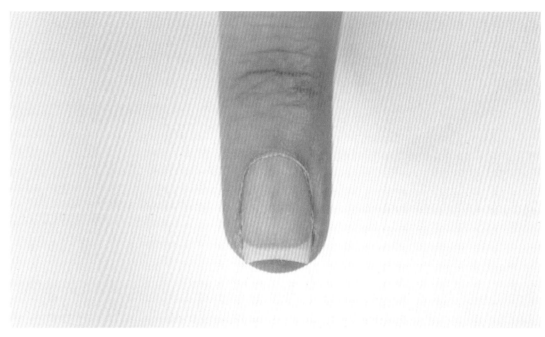

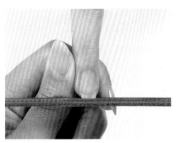

1 砂条垂直于指甲前缘，单向修磨，使其平整

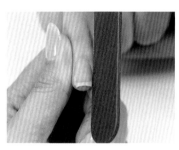

2 修整指甲两侧，使两侧平行

3 用海绵锉抛磨甲面和去除甲缘多余的毛屑

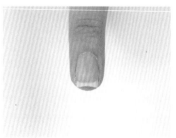

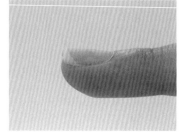

完成，指甲前缘与两侧垂直，两侧拐角呈直角

（2）方圆形指甲

方圆形指甲较不易断裂，给人柔和的感觉，适合任何手型，尤其骨关节较明显或手指瘦长的顾客。

修磨方圆形指甲的流程如下。

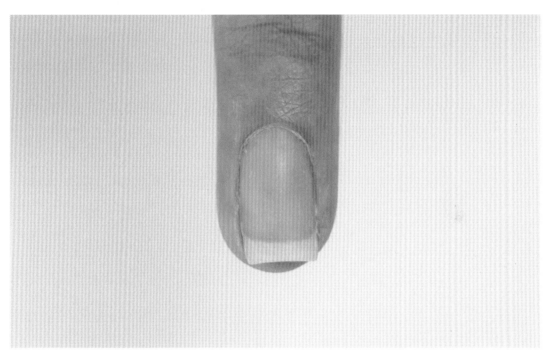

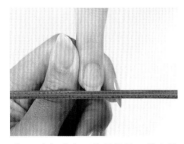

1 砂条垂直于指甲前缘，单向修磨，使其平整

2 将两侧拐角修磨出一定弧度，两侧弧度对称

3 用海绵锉抛磨甲面和去除甲缘多余的毛屑

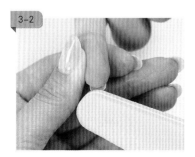

完成，指甲前缘平直，两侧拐角处有一定弧度

（3）圆形指甲

圆形指甲适合甲床较宽、手掌较小或手指微胖的顾客，可从视觉上收窄指甲。

修磨圆形指甲的流程如下。

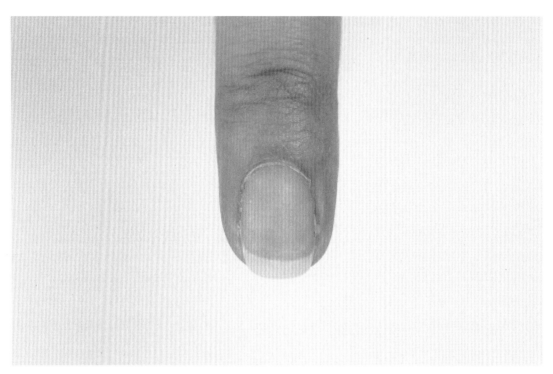

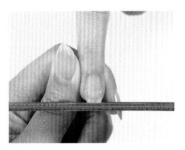

1 砂条与指甲前缘呈45度，单向修磨，使其平整

2 确定最高点，将两侧拐角往中心最高点修磨，弧度要对称

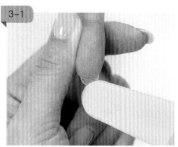

3 用海绵锉抛磨甲面和去除甲缘多余的毛屑

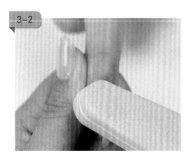

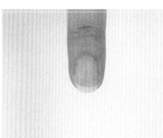

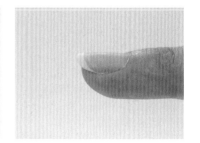

完成，指甲前缘呈半圆形，两侧拐角圆润自然

（4）椭圆形指甲

椭圆形指甲较易断裂，适合胖而美的手型，属于较为传统的东方甲形。

修磨椭圆形指甲的流程如下。

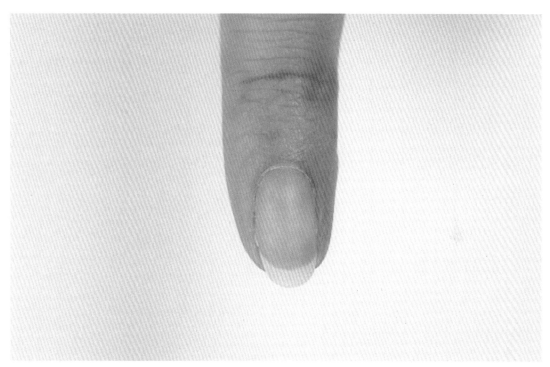

1 将指甲一侧拐角修磨至明显圆弧

2 另一侧用同样方法修磨，注意两侧圆弧对称

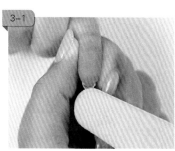

3 用海绵锉抛磨甲面和去除甲缘多余的毛屑

完成，整甲呈椭圆形状，两侧拐角圆弧明显

（5）尖形指甲

尖形指甲容易断裂，适合指甲较厚的顾客，由于亚洲人的甲形较薄，不建议修成尖形。
修磨尖形指甲的流程如下。

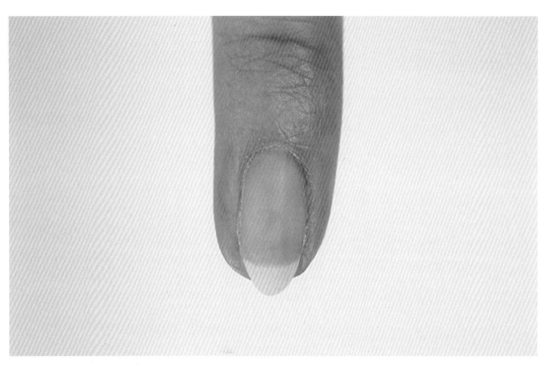

1 修磨指甲一侧直至指甲前缘呈锥形

2 用同样手法修磨另一侧

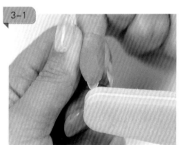

3 用海绵锉抛磨甲面和去除甲缘多余的毛屑

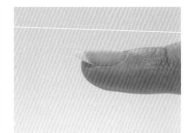

完成，指甲前缘呈尖锥形，两侧拐角弧度大

Tips：

- 美甲师应该根据顾客的爱好与手型修磨适宜的甲形，脚趾甲一般修成圆形或方圆形。
- 修方形或方圆形指甲，砂条应垂直于指甲前缘；修圆形指甲，砂条应与指甲前缘呈 45 度。

知识便签

2.4 基础护理

基础护理需要的工具和材料有：砂条、海绵锉、粉尘刷、硬毛清洁刷、软化剂、泡手碗、小碗、毛巾、无纺布、死皮推、消毒杯、死皮剪。

基础护理的标准流程如下。

1　砂条放在指甲前端，呈45度，往同一方向移动修磨

2　修整一边甲侧使之与前端垂直

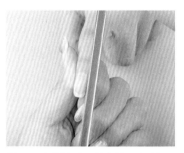

3　用同样方法，修磨另一边甲侧

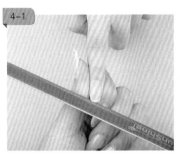

4　先确定指甲中心最高点，将两侧的拐角处往中心最高点的位置修磨，修出圆形

5　用海绵锉去除甲缘多余的毛屑

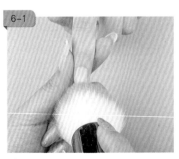

6　用粉尘刷扫除多余粉屑

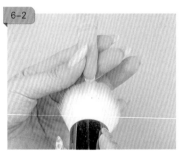

7　涂抹软化剂，需均匀涂抹在手指指皮、指甲甲缘及后缘，软化剂尽量不要涂抹到甲面上

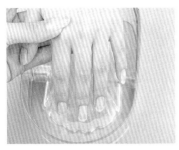

8　泡手碗里放入温度为 38 ~ 42 摄氏度的适量温水，浸泡手指，软化死皮和指甲周边的角质

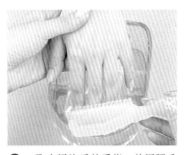

9　取出浸泡后的手指，并用硬毛清洁刷轻轻刷去指上多余的软化剂

10　用毛巾轻轻擦干多余水分

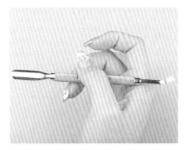

11　用拇指和中指握住死皮推，食指轻轻抬起

12　用死皮推蘸取小碗里的清水，用于推死皮

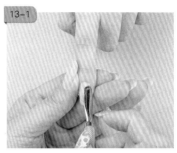

13-1

13　用死皮推轻轻推起死皮，从右侧开始向后缘和左侧呈放射状推动，死皮推与甲面应呈 45 度 ~ 60 度，避免伤及本甲

13-2

13-3

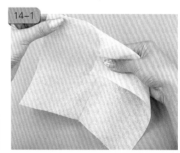

14-1

14　取一块无纺布，折叠并包裹大拇指，注意拇指不要过度用力，以防戳穿无纺布，还有应包裹结实不能松散

14-2

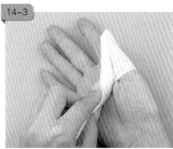

14-3

14-4

15　与死皮剪搭配使用

16　手心朝上抓握死皮剪

17　用包裹无纺布的拇指蘸取小碗里的清水，用于滋润指甲周边的死皮

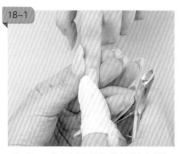

18　依次用大拇指擦拭指甲后缘、两侧

19　用死皮剪从右侧开始剪去甲侧及后缘死皮或倒刺，注意握死皮剪的手要有支撑点，这里支撑点在手掌上

20　修剪右侧拐角处及后缘位置时，用握死皮剪的食指在左手的食指与中指中间作支撑点

21　修剪左侧时，支撑点也是在手掌上

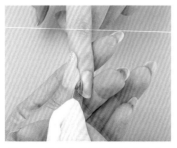

22　修剪左侧拐角处及后缘时，支撑点在左手大鱼际上

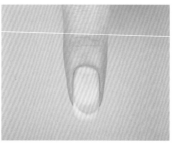

基础护理完成效果

2.5　涂抹指甲油

　　涂抹指甲油需要的工具和材料有：海绵锉、粉尘刷、棉片、棉花、桔木棒、75 度酒精、底油、指甲油、亮油。

　　涂抹指甲油的标准流程如下。

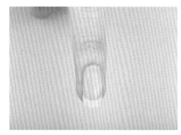

1　自然甲

2　以侧面—正面—侧面的顺序，用海绵锉的粗面抛磨一遍，再用细面抛磨甲面。抛磨侧面时，需要用手指稍微拨开指甲外皮再做抛磨的动作

3　用粉尘刷扫除多余粉屑

4　用棉片蘸取 75 度酒精清洁甲面

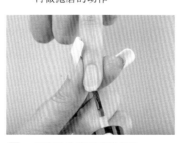

5　用底油为指甲前缘包边

6　整甲涂抹底油，等待风干

7　涂抹指甲油，先在指甲前缘包边

8　再反方向涂抹进行二次包边

9　整甲均匀涂抹指甲油

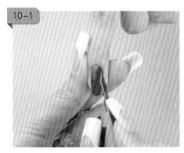

10　在刷指甲后缘时，要把刷头轻轻按在甲面上，慢慢往后缘推到0.5毫米的距离，再往前拉涂，最后刷两边

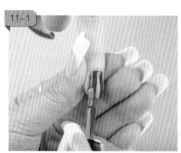

11　若不慎将指甲油涂到皮肤上，可用桔木棒协助清洁

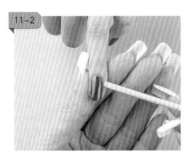

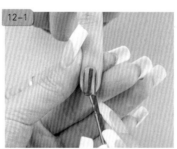

12　再用同样的方法重复上色，等待风干

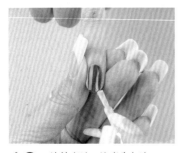

13　涂抹亮油，注意先包边

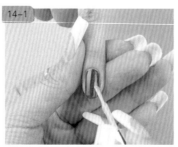

14　从指甲后缘往前缘涂抹，注意两侧也要涂抹到位

14-3

15　若不慎将亮油涂到皮肤上，可用桔木棒进行清洁

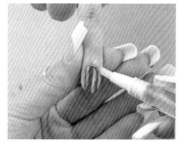

16　风干后，在甲缘处涂抹营养油

17　按摩甲缘，使皮肤更易吸收

完成

知识便签

_____

_____

_____

_____

_____

_____

_____

_____

_____

2.6 标准手部护理程序

手部按摩时先涂抹乳霜，用轻擦、压迫、按揉等技法，消除手部紧张和疲劳，有助于恢复手部精力。手部按摩不仅可以起到治愈、舒缓身心的作用，也可使手指变得灵活美丽。

手部护理常用的工具和材料有：毛巾、按摩乳、手膜、手霜、电热手套、保鲜膜。

手部护理的标准流程如下。

1 将按摩乳放置手心并轻柔地推开

2 将按摩乳涂抹在顾客手背上

3 轻轻涂抹按摩乳

4 握住客人的手，用大拇指从中间往两边打圈按摩，注意此时要用力

5-1　　5-2

5 用打圈的方式按摩每一根手指，并用力按压指部关节

6 用大拇指按压虎口穴位，舒缓手部神经

7-1　　7-2

7 依次用力按压掌心的不同穴位

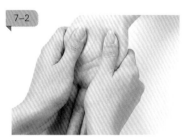

7-3

8-1　　8-2

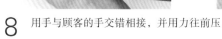

8 用手与顾客的手交错相接，并用力往前压

9 四指并拢，将顾客四指往手肘方向轻压

10 再次用打圈的方式按摩每一根手指

11 再次轻按顾客双手，达到放松作用

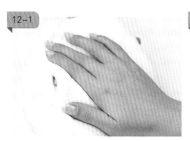

12-1

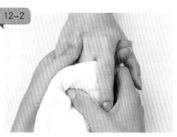

12-2

完成

12 用毛巾包裹顾客的整只手，稍稍用力，擦净手心手背，手指也要逐根逐根依次擦净

Tips：手部护理的前期与后续工作

- 前期：洗净并消毒美甲师及顾客双手。
  使用去角质类产品，打圈式涂抹于双手和指缝，去除死皮后洗净。
- 后续：双手涂抹手膜并包裹保鲜膜，套上电热手套热敷 10 ~ 15 分钟。
  清洁并擦拭双手。
  双手涂抹手霜，加以按摩直至吸收。

知识便签

_____

_____

_____

_____

_____

2.7 标准足部护理程序

　　足部按摩是最令足部肌肉放松的方法。足部按摩可以使足部肌肉放松，缓解足部疲劳，消除长时间站立引起的脚部浮肿，促进血液循环，使皮肤更加细腻柔嫩，还能防止脚部老茧产生，帮助脚部甲母的营养吸收，令趾甲更加健康。

　　足部护理常用的工具和材料有：毛巾、保鲜膜、电热脚套、去角质啫喱、按摩乳、足膜、脚霜。

　　足部护理的标准流程如下。

1 将按摩乳涂抹在美甲师手上，然后轻柔地推开

2 将按摩乳均匀抹在顾客的脚背上

3 轻轻擦匀按摩乳

4 握住客人的脚，用大拇指从中间往两边打圈按摩，注意此时要用力

5 打圈按摩脚踝

6 打圈按摩每一根脚趾，并用力按压趾甲后端

7 用大拇指握着虎口做拉筋的动作

8 用大拇指从小脚趾往大脚趾方向拨动

9 依次用力按压掌心的不同穴位

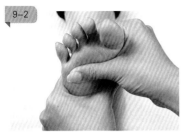

10　用手指去弯曲每一根脚趾

11　用力往下压整只脚，再往前压

12　将整只脚按压至一侧，停顿 5 秒，再往另一侧压

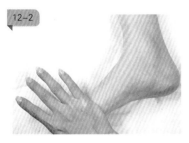

13　再次用打圈的方式按摩每一根脚趾

14　再次轻擦顾客的脚

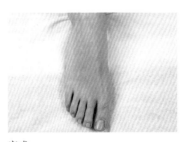

15　用毛巾包裹顾客的整只脚，稍稍用力，擦净脚掌、脚背，脚趾也要逐根依次擦净

完成

Tips：足部护理的前期与后续工作

- 前期：洗净并消毒美甲师双手及顾客双脚。
  使用去角质类产品，打圈式涂抹于双脚和指间，去除死皮后洗净。
- 后续：双脚涂抹脚膜并包裹保鲜膜，套上电热脚套热敷 15 ~ 20 分钟。
  清洁并擦拭双脚。
  双脚涂抹脚霜，加以按摩直至吸收。

知识便签

第 3 章
凝胶美甲

凝胶美甲的魅力在于其光泽度与持久力惊人，无刺激性气味且对指甲伤害低，这些优点让凝胶美甲迅速被广大消费者接受和推崇。本章详细解析凝胶美甲的基础上色步骤，以及卸甲油胶的方法等美甲师必备技法。

3.1 凝胶美甲的产品和工具

凝胶美甲是目前市面上最受欢迎的美甲方式。它的魅力不仅在于色泽持久，还具有高度光泽、自然透明感、柔软且牢固等特点。而且涂抹的过程中没有刺激性气味，对于指甲的伤害也大幅减少。

（1）底胶

底胶如图 3-1 所示，涂抹色胶前需涂抹底胶，以保护本甲。

图 3-1 底胶

（2）甲油胶

甲油胶（图 3-2）颜色繁多，固化后光泽度高。

图 3-2 甲油胶

（3）封层

封层（图 3-3）分为擦洗封层和免洗封层两种，主要起到密封和保护的作用，可以使甲面长时间保持光泽。

图 3-3 封层

（4）卸甲水

卸甲水（图 3-4）用于卸除光疗、水晶、甲片及甲油胶。

图 3-4 卸甲水

图 3-5　锡纸

（5）锡纸

　　锡纸（图 3-5）用于卸甲时包裹带卸甲水的棉球。

图 3-6　美甲灯

（6）美甲灯

　　美甲灯（图 3-6）用于固化各种凝胶产品，种类可大致分为 UV 灯、CCFL 灯、LED 灯。

Tips：

● UV 灯是紫外线灯管的简称，UV 灯属于热阴极荧光灯，其灯管发出的是 UVA，它可以使含有 UV 反应光聚合开始剂的甲油胶固化。容易受到使用环境的温度、湿度影响，必须定期更换灯管。

● CCFL 的中文译名为冷阴极荧光灯管，原理是当高压加在灯管两端后，灯管内少数电子高速撞击电极，随之产生二次电子发射，从而开始放电。它有使用寿命长、显色性好、发光均匀等优点。所以也是当前 TFT-LCD（液晶屏）理想的光源，同时广泛应用于广告灯箱、扫描仪和美甲灯上。

● 发光二极体的简称是 LED，是一种能够将电能转化为可见光的固态的半导体器件，它可以直接把电转化为光。LED 为单波长光源，因此可配合紫外线或红外线的用途来发光，市面上就可以看到 UV+LED 双用灯。

知识便签

_____

_____

_____

3.2 基础上色

3.2.1 工具和材料

基础上色常用的工具和材料有：海绵锉、粉尘刷、棉片、75度酒精、底胶、红色甲油胶、免洗封层。

3.2.2 制作步骤

基础上色的步骤如下。

1 自然甲

2 用海绵锉抛磨整甲至不光滑

3 用粉尘刷扫除多余粉屑

4 再用棉片蘸取 75 度酒精清洁甲面

5 涂抹底胶,注意包边并来回涂抹两次

6 从指甲后缘往前缘均匀涂抹

7-1

7-2

7 注意指甲两侧都要涂抹到位,照灯固化 60 秒

8-1

8 涂抹甲油胶,注意包边并来回涂抹两次

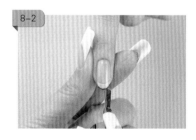

8-2

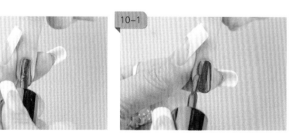

9 从指甲后缘往前缘均匀涂抹

10-1

10 注意指甲两侧都要涂抹到位,照灯固化 60 秒

10-2

11 涂抹免洗封层,注意包边并来回涂抹两次

12 从指甲后缘往前端均匀涂抹

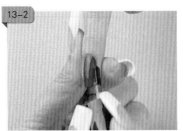

13 注意指甲两侧都要涂抹到位,照灯固化90秒　　　　　　　完成

Tips:

● 短指甲建议涂法:先涂甲面中间再涂两侧。
● 长指甲建议涂法:先涂指甲前缘,再从指甲后缘向前缘涂抹,先中间后两侧。
● 每一层上色都不宜过厚,否则会造成缩胶。如果想让甲油胶的颜色效果更加浓厚,则
需要涂上薄薄的三层或更多,而不是涂上厚厚的两层。

知识便签

3.3 卸甲油胶的方法

3.3.1 工具和材料

卸甲油胶需要的工具和材料有：砂条、粉尘刷、镊子、死皮推、海绵锉、锡纸、棉花、卸甲水、棉片、75 度酒精。

3.3.2 制作步骤

卸甲油胶的步骤如下。

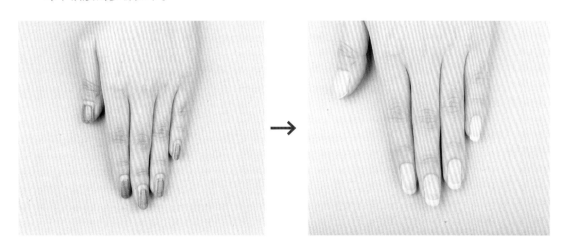

1 还未卸除的甲油胶

2 用砂条打磨甲面甲油胶

3 注意整甲都要修磨到位

4 用粉尘刷扫除多余粉屑

5 用镊子把沾有足量卸甲水的棉花放在甲面上，注意棉花要完全覆盖甲面

6 用锡纸将棉花包裹起来，注意密封好

7 等待 10 ~ 15 分钟

8 用镊子将棉花取出

9 用死皮推轻轻推除已软化的胶

10 注意指甲两侧也要推除到位，再往前缘处推剩下的部分

11 用海绵锉轻轻抛磨甲面上残余甲油胶

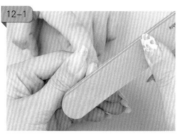

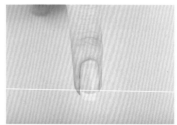

12 左右两侧的残余甲油胶要打磨到位

13 用粉尘刷扫除多余粉屑

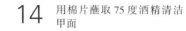

14 用棉片蘸取 75 度酒精清洁甲面

完成

3.4 修复本甲

3.4.1 工具和材料

修复本甲需要的工具和材料有：砂条、底胶、光疗笔、光疗胶、免洗封层、粉尘刷、棉片、75 度酒精、95 度酒精、营养油。

3.4.2 制作步骤

修复本甲的步骤如下。

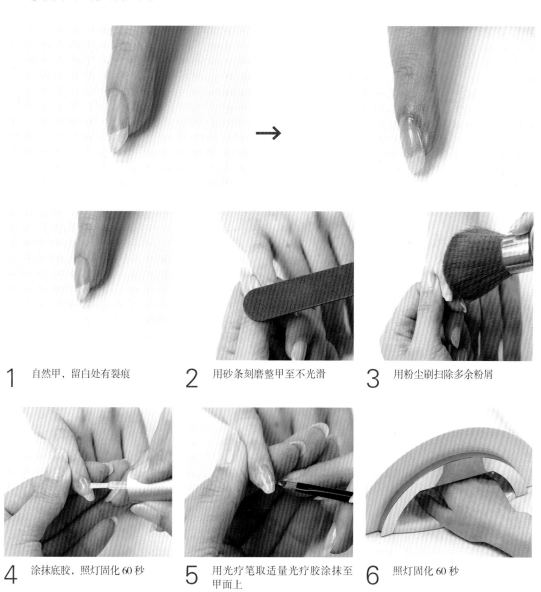

1　自然甲，留白处有裂痕

2　用砂条刻磨整甲至不光滑

3　用粉尘刷扫除多余粉屑

4　涂抹底胶，照灯固化 60 秒

5　用光疗笔取适量光疗胶涂抹至甲面上

6　照灯固化 60 秒

7 用棉片蘸取95度酒精擦拭甲面浮胶

8 再用砂条轻轻打磨甲面

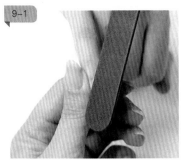

9-1

9 注意整个甲面都要打磨到位

9-2

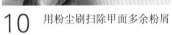

10 用粉尘刷扫除甲面多余粉屑

11 用棉片蘸取75度酒精清洁甲面

12 涂抹免洗封层，注意包边，照灯固化90秒

13 用95度酒精擦拭甲面浮胶

14 涂抹营养油，按摩至指部皮肤吸收

完成，裂痕处无明显痕迹，指甲更加坚固平滑

3.5　本甲法式

3.5.1　工具和材料

　　本甲法式常用的工具和材料有：海绵锉、粉尘刷、棉片、75 度酒精、95 度酒精、底胶、白色甲油胶、免洗封层、光疗笔、营养油。

3.5.2　制作步骤

　　本甲法式的制作步骤如下。

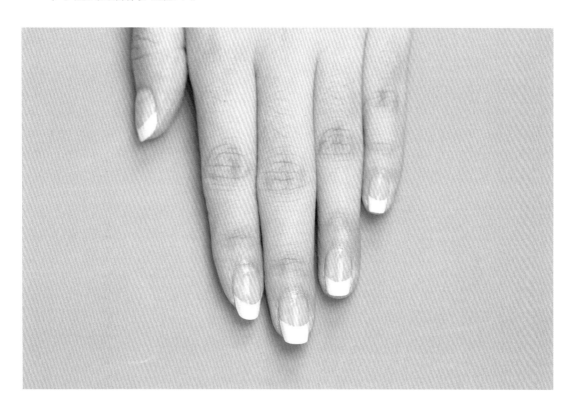

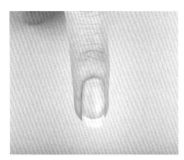

1　自然甲

2　用海绵锉轻轻抛磨甲面

3　抛磨时要注意避开甲缘皮肤

4　用粉尘刷扫除多余粉屑

5　用棉片蘸取 75 度酒精清洁甲面

6　涂抹底胶，注意包边并来回涂抹两次

7　从指甲后缘往前端均匀涂抹，照灯固化 60 秒

8　用光疗笔蘸取白色甲油胶，先进行包边，再沿着甲面微笑线画出法式线

9　填充颜色，使颜色均匀弧度对称，照灯固化 60 秒

10　涂抹免洗封层，先包边再均匀涂抹整个甲面，照灯固化 90 秒

11　用棉片蘸取 95 度酒精擦拭浮胶

12　涂抹营养油

13　按摩至指部皮肤吸收

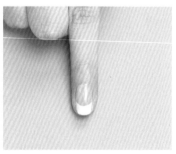

完成，法式边弧度饱满，边缘清晰

第4章
贴甲片

　　贴甲片是常用的美甲技法之一。如何根据顾客的甲床打磨适宜的甲片？在黏合时要注意什么细节才能避免甲片起翘甚至脱落？本章从美甲店铺的角度出发，介绍美甲师必须掌握的贴甲片相关基础技能及操作手法。

4.1 贴甲片的工具、材料及用法

贴甲片常用工具和材料包括贴片胶水、U形剪、甲片，如图4-1所示。

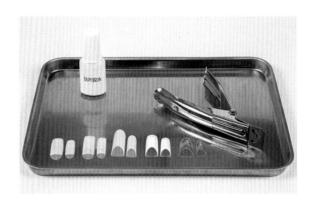

图4-1 贴甲片常用工具

（1）贴片胶水

贴片胶水用于粘贴甲片，如图4-2所示。

图4-2 贴片胶水

（2）U形剪

U形剪用于剪断甲片过长部分，如图4-3所示。

图4-3 U形剪

（3）甲片

甲片如图4-4所示，按颜色分可分为白色、透明、自然色；按形状可分为全贴、半贴、法式贴。

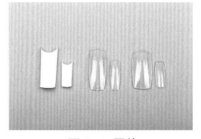

图4-4 甲片

4.2　全贴甲片的操作技巧

全贴甲片需要的工具和材料有：砂条、粉尘刷、U 形剪、海绵锉、棉片、透明全贴甲片、贴片胶水、底胶、粉红色甲油胶、免洗封层、75 度酒精、营养油。

全贴甲片的流程如下。

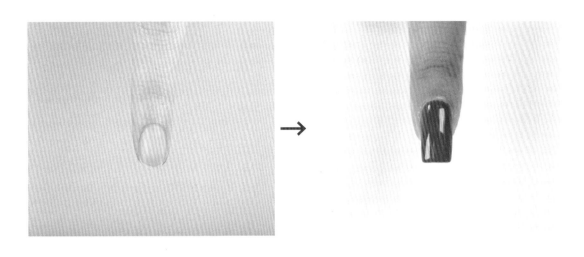

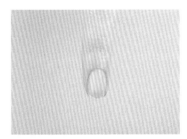

1 自然甲

2 将透明全贴甲片覆盖在甲盖上，用拇指按压甲片前端，比对甲片与指甲后缘的弧度是否贴合，选择比指甲甲床宽度稍大一点的贴片

3 用砂条修磨甲片后缘及两侧，直至贴合指缘弧度

4 用砂条竖向轻轻刻磨甲面至不光滑

5 用粉尘刷扫除多余粉屑

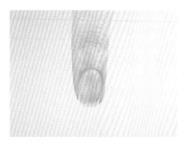

6   刻磨后呈现的效果

7   在甲片背面凹槽涂抹贴片胶水，注意胶水要均匀分布到位，甲片的后端边缘要涂抹贴片胶水，防止起翘

8   将甲片后缘顶住指甲后缘，使其相互贴合并用力按压固定 10 秒

9   用拇指在两侧稍稍用力挤压甲片，使其更加黏合指甲

10   将食指轻轻按压在甲面上，同时用拇指从前端顶住甲片，用 U 形剪剪去甲片多余部分

11   修剪后效果

12   用砂条横向修磨指甲前缘

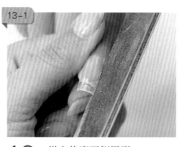

13   纵向修磨两侧甲形

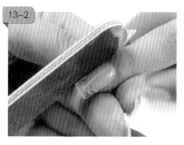

14   用粉尘刷扫除多余粉屑

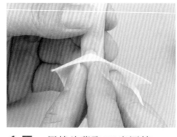

15   用棉片蘸取 75 度酒精清洁甲面

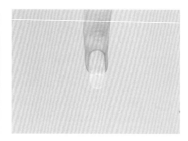

16   整理后效果

17　涂抹底胶，注意包边且整甲涂抹均匀，照灯固化 60 秒

18　涂抹粉红色甲油胶，注意包边并涂抹均匀，照灯固化 60 秒

19　涂抹免洗封层，注意包边并整甲涂抹均匀，照灯固化 90 秒

20　在甲缘四周涂上营养油保护指部肌肤

21　最后用两手拇指轻轻按摩甲侧边缘，使营养油被快速吸收

完成，甲面弧度平整自然

知识便签

_____

_____

_____

_____

_____

_____

_____

4.3 半贴甲片的操作技巧

半贴甲片需要的工具和材料有：透明半贴甲片、贴片胶水、红色甲油胶、底胶、免洗封层、75 度酒精、砂条、粉尘刷、U 形剪、海绵锉、棉片。

半贴甲片的流程如下。

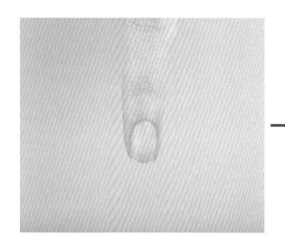 →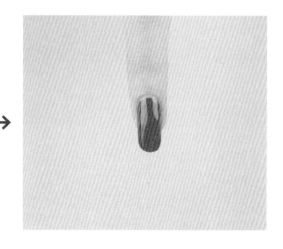

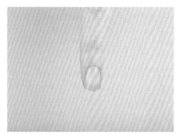

1　自然甲

2　选择透明半贴甲片，将甲片覆盖在甲盖上，用拇指按压甲片前端，对比甲片与指甲后缘的弧度是否贴合，应选择比甲床稍宽一点的甲片

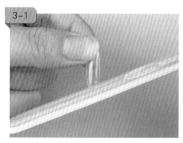

3-1

3　用砂条修磨甲片后缘及两侧，至贴合甲形

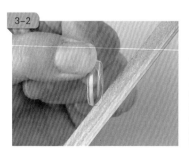

3-2

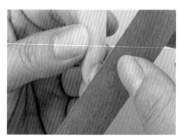

4　用砂条轻轻刻磨甲面

5　注意整个甲面都要刻磨到位

6 用粉尘刷扫除多余粉屑

7 用棉片蘸取 75 度酒精清洁甲面

8 在甲片背面凹槽涂抹贴片胶水，注意胶水要均匀分布到位，甲片的后端边缘要涂抹贴片胶水，防止起翘

9 将甲片覆盖在本甲上，使其相互贴合并用力按压固定 10 秒

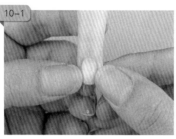

10 用拇指在两侧稍稍用力按压甲片，使其更加贴合指甲

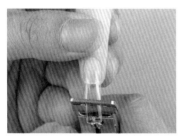

11 用 U 形剪剪去甲面多余部分

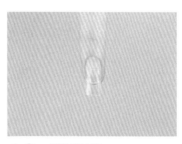

12 剪除后效果

13 修磨接痕，用砂条打磨甲片与自然甲的结合处接痕

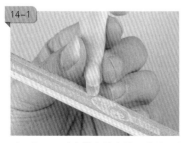

14 用砂条横向修磨指甲前端，纵向修磨两侧甲形

15 用海绵锉轻轻抛磨甲面

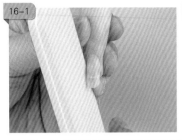

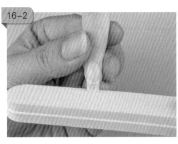

16 注意指甲两侧与前端都要抛磨到位

17 用粉尘刷扫除多余粉屑

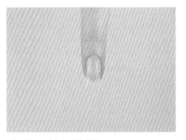

18 用棉片蘸取 75 度酒精清洁甲面

19 整理后效果

20 涂抹底胶，注意包边且整甲涂抹均匀，照灯固化 60 秒

21 涂抹红色甲油胶，注意包边并涂抹均匀，照灯固化 60 秒

22 重复上色，加深颜色饱和度，照灯固化 60 秒

23 涂抹免洗封层，注意包边并整甲涂抹均匀，照灯固化 90 秒

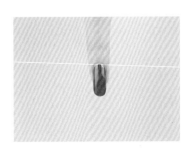

完成，甲面弧度平整自然

4.4 法式贴甲片的操作技巧

法式贴甲片需要的工具和材料有：法式贴甲片、贴片胶水、底胶、光疗胶、免洗封层、75 度酒精、95 度酒精、砂条、粉尘刷、U 形剪、海绵锉、棉片。

法式贴甲片的流程如下。

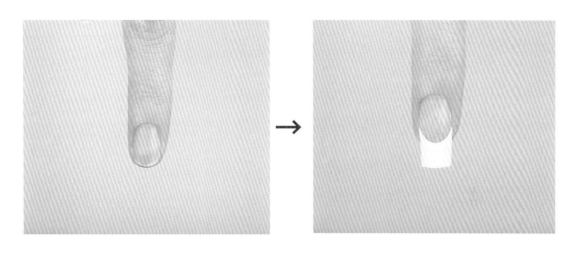

1 自然甲

2 选择法式贴甲片，将甲片覆盖在甲盖上，用拇指按压甲片前端，对比甲片与指甲后缘的弧度是否贴合，应选择比甲床稍宽一点的甲片

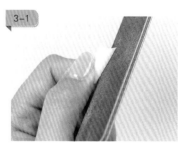

3 用砂条修磨甲片后缘及两侧，至贴合甲形

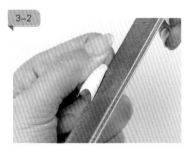

4 用砂条竖向轻轻刻磨甲面至不光滑

5 用粉尘刷扫除多余粉屑

6 在甲片背面凹槽涂抹贴片胶水，注意胶水要均匀分布到位，甲片的后端边缘要涂抹贴片胶水，防止起翘

7 将甲片与自然甲的微笑线重合，使其相互贴合并用力按压固定10秒

8 用拇指在两侧稍稍用力按压甲片，使其更加贴合指甲

9 将食指轻轻按压在甲面上，同时用拇指从前端顶住甲片，用U形剪剪去多余部分

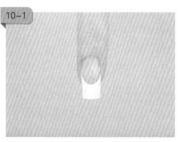
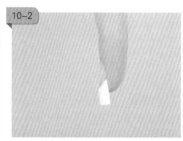

10 修剪后效果

11 用砂条横向修磨指甲前缘

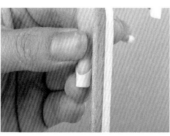

12 纵向修磨两侧甲形

13 用砂条打磨甲片与本甲结合处接痕，使其处于同一水平线

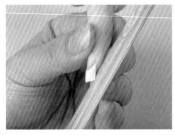

14 打磨时砂条应与甲面呈30度左右

15 用海绵锉抛磨甲面，注意整甲都要抛磨到位

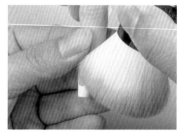

16 用粉尘刷扫除多余粉屑

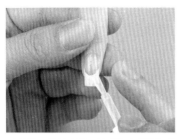

17　涂抹底胶，注意包边并均匀涂抹整个甲面，照灯固化 60 秒

18　涂抹光疗胶，注意包边并均匀涂抹整个甲面，照灯固化 60 秒

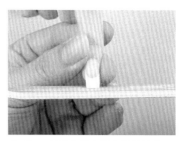

19　用砂条横向修磨前端甲形

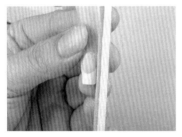

20　注意两侧都要修磨到位

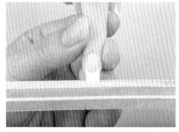

21　用海绵锉抛磨整个甲面

22　至甲面弧度平整自然

23　用粉尘刷扫除多余粉屑

24　用棉片蘸取 75 度酒精清洁甲面

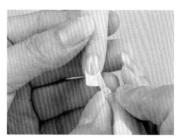

25　涂抹免洗封层，注意包边并均匀涂抹整个甲面，照灯固化 90 秒

26　用棉片蘸取 95 度酒精擦拭甲面浮胶

完成，甲面弧度平整自然

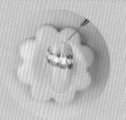

第 5 章
美甲基础技法

渐变、晕染、拉染是目前非常受欢迎的美甲款式，也是专业美甲师必备的基础技法。本章逐步解析技法要点，希望读者在阅读后能勤加练习，熟练掌握这些技法。

5.1　渐变甲的技法

　　渐变是目前最常用的美甲技法之一，渐变时应注意甲面不能有明显刷痕，颜色过渡处要自然、不突兀。看似简单的技法实则操作极有难度，需要美甲师勤加练习。日常用于渐变的工具很多，例如海绵、带海绵的笔刷、渐变晕染笔、光疗笔……这里仅介绍用渐变晕染笔制作渐变甲的操作步骤。

　　制作渐变甲需要的工具和材料有：底胶、粉色甲油胶、免洗封层、光疗笔、渐变晕染笔。

　　渐变甲的制作步骤如下。

1　涂抹底胶，照灯固化60秒

2　用光疗笔蘸取粉色甲油胶均匀涂抹在甲片1/3处

3　用渐变晕染笔将粉色甲油胶向前端晕开约至甲面1/2处

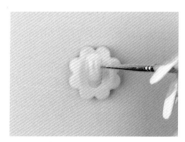

4　注意晕开时不能有明显刷痕，照灯固化30秒

5　重复上色，提高颜色饱和度

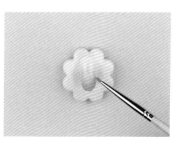

6　向前晕开，注意不能有明显刷痕，照灯固化30秒

7 涂抹免洗封层，照灯固化 90 秒　　完成

知识便签

_____

_____

_____

_____

_____

_____

_____

_____

_____

_____

_____

_____

_____

5.2 晕染甲的技法

晕染的操作方法很多，效果也千变万化。晕染能够打造出石纹、梦幻底色、立体效果、水墨画风等多种令人惊艳的效果，是当前美甲师必备的基础技法之一。

5.2.1 大理石晕染甲

大理石晕染甲需要的工具和材料：浅蓝色甲油胶、免洗封层、黑色甲油胶、小笔、酒红色甲油胶、饰品、黏合胶水、镊子、光疗胶、免洗封层。

大理石晕染甲的制作步骤如下。

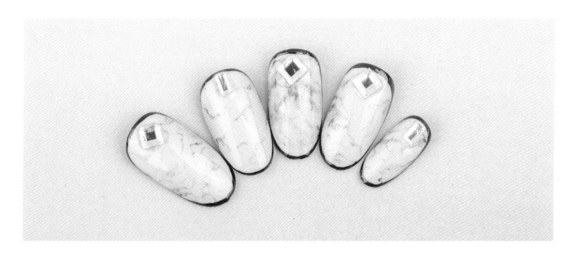

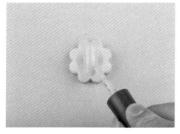

1　涂抹浅蓝色甲油胶，照灯固化
60 秒

2　涂抹免洗封层，无须照灯

用小笔蘸取适量酒红色甲油胶，
3　在甲面画出不规则的线条纹理

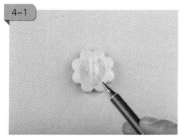

4-1　4-2

4　掌握好绘画的力度，要深浅不一、错落有致，照灯固化 60 秒

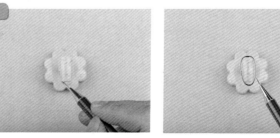

5　用小笔蘸取黑色甲油胶，沿甲缘描边，照灯固化 60 秒

6　涂抹免洗封层，照灯固化 90 秒

7　蘸取适量黏合胶水，放置在甲面后端

8　用镊子取饰品进行黏合

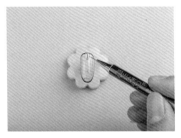

9　用小笔取适量光疗胶围着饰品涂抹，照灯固化 60 秒

整甲涂抹免洗封层，照灯固化 90 秒，完成

知识便签

5.2.2 多色晕染

多色晕染需要的工具和材料有：光疗笔、珠光白色甲油胶、免洗封层、浅蓝色甲油胶、浅黄色甲油胶、浅玫红色甲油胶、渐变晕染笔、排笔、白色甲油胶。

多色晕染的步骤如下。

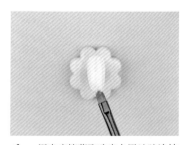

1 用光疗笔蘸取珠光白甲油胶涂抹整甲，照灯固化60秒

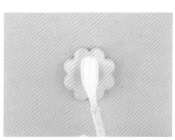

2 涂抹免洗封层，无须照灯

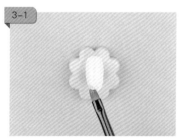

3 用光疗笔蘸取浅蓝色甲油胶，在甲面晕开

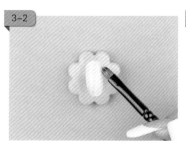

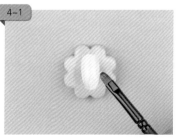

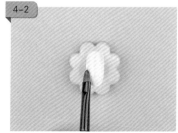

4 用光疗笔蘸取浅黄色甲油胶，在甲面晕开

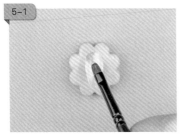

5　用光疗笔蘸取浅玫红色甲油胶，在甲面晕开，注意色块排布

6　用渐变晕染笔将颜色晕开

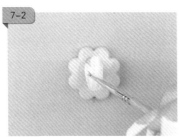
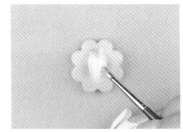

7　使色块交接处自然融合，形成晕染效果，照灯固化60秒

8　用排笔蘸取白色甲油胶，轻轻扫过甲面，使整体更加美观

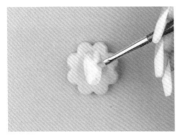

9　晕染后照灯固化60秒

10　涂抹免洗封层，照灯固化90秒

完成

知识便签

_____

_____

_____

_____

5.3 拉染甲的技法

拉染勾绘是相对简单的美甲技法，但是呈现的效果让人惊艳。拉染甲即在甲油胶未干的情况下，用小笔或拉线笔，用点、勾、拉的方法绘制出图案，是目前较为流行的美甲技法。

拉染甲需要的工具和材料有：金色甲油胶、红色甲油胶、白色甲油胶、蓝色甲油胶、免洗封层、小笔、黏合胶水、饰品、镊子、光疗胶。

拉染甲的步骤如下。

1　涂抹金色甲油胶打底，照灯固化 60 秒

2　涂抹免洗封层，无须照灯

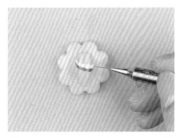

3　用小笔取红色、白色甲油胶，横向拉出线条

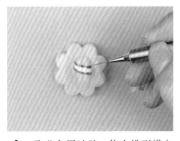

4　取蓝色甲油胶，依次排列横向拉出线条

5　清洁小笔后，竖拉线条，注意要一笔到位，不能来回拉动

6　每一次拉线都要清洁小笔，完成后照灯固化 60 秒

7 涂抹免洗封层，照灯固化 90 秒

8 蘸取适量黏合胶水放置在甲面前端

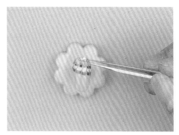

9 用镊子取饰品进行黏贴，等待风干

10 蘸取光疗胶点涂饰品边缘，进行包边，照灯固化 60 秒

整甲涂抹免洗封层，照灯固化 90 秒，完成

知识便签

第 6 章
水晶甲

　　水晶甲是众多美甲工艺中备受欢迎的一种，能够从视觉上改变手指形状，弥补手形不美的缺陷。水晶甲晶莹剔透、坚固耐磨，且可适应性强、不伤害皮肤，既不会影响工作和生活，还能修补残缺指甲、纠正甲形。

6.1 水晶延长的产品和工具

水晶延长的主要工具和材料如图6-1所示。

图6-1 水晶延长的主要工具和材料

（1）水晶液

水晶液的成分是甲基丙烯酸酯的单体，有刺激性气味，如图6-2所示。

图6-2 水晶液

（2）干燥剂（pH平衡液）

干燥剂主要起到平衡酸碱度、消毒杀菌、干燥及黏合作用，注意干燥剂不可接触皮肤，如图6-3所示。

图6-3 干燥剂

图 6-4　结合剂

（3）结合剂

结合剂主要起黏合作用，让水晶酯更好地与甲面结合，防止起翘、脱落，如图 6-4 所示。

图 6-5　水晶粉

（4）水晶粉

水晶粉的成分为二氧化硅，无味，与水晶液结合做成水晶甲。由于水晶粉颗粒极细，建议制作水晶甲时应佩戴口罩。水晶粉如图 6-5 所示。

图 6-6　水晶杯

（5）水晶杯

水晶杯用于盛放水晶液，如图 6-6 所示。

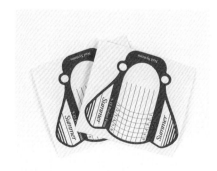

图 6-7　纸托

（6）纸托

纸托是延长、固定以及定型指甲时的辅助工具，如图 6-7 所示。

（7）水晶笔

水晶笔的笔头呈尖形，笔身长且毛量多，材质为貂毛，用于蘸取水晶液来混合水晶粉，如图6-8所示。

图 6-8 水晶笔

（8）塑型棒

塑型棒用于调整水晶甲的C弧，如图6-9所示。

图 6-9 塑型棒

知识便签

6.2　基本准备工作

6.2.1　工具和材料

砂条、粉尘刷、75 度酒精、纸托、干燥剂、结合剂。

6.2.2　标准流程

1　用砂条竖向刻磨甲面至整个甲面不光滑

2　用粉尘刷扫除多余粉屑

3　用 75 度酒精清洁甲面

4　有明显纵向痕迹，注意指甲后缘及两侧要刻磨到位

5　一般情况下只需涂一遍干燥剂，如果甲面油脂分泌较多则需要上第二遍，以确保甲面是干燥的状态

6　涂抹结合剂

Tips:

● 不能让干燥剂触碰到皮肤，因为有可能会造成皮肤红肿、起泡、灼痛或瘙痒。如果皮肤不慎接触到干燥剂，应立即用水冲洗 15 分钟，再用中性肥皂清洗。

● 要根据顾客的指甲状况选用不同的砂条进行刻磨，如果顾客指甲有损伤的情况，刻磨的力度应相对减轻。

7　取出纸托

8　用两指压弯纸托两端，将其卡
　　在指甲前缘下端，注意中线对
　　齐，放正。按住指尖处，对准
　　两边，将纸托后部贴好

完成，注意中心线与手指中心对齐

侧面观察，纸托与甲面处于同一水平
线上

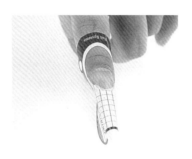

纸托紧贴指甲，指甲前缘与纸托间不
能有缝隙

Tips：**纸托的不同用法**

① 指节过大

要将纸托后端撕开，并将两
侧压紧在手指两侧。

② 指甲过宽

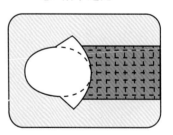

纸托无法勾住指甲前缘时，
可用小剪刀将纸托板贴合甲
缘处的两边剪出两个角。

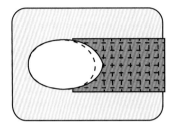

③ 指芯外露

纸托无法固定，可按照突出
形状剪成与甲缘对应的弧形。

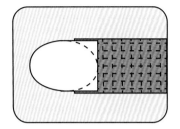

④ 没有指甲前缘，或甲形较平

可以沿纸托内缘剪出矩形。

知识便签

6.3 水晶延长甲

制作水晶延长甲需要的工具和材料有: 75度酒精、95度酒精、砂条、海绵锉、粉尘刷、纸托、干燥剂、结合剂、塑型棒、水晶笔、水晶杯、水晶液、透明色水晶粉、封层。

水晶延长甲的制作步骤如下。

1　刻磨整甲并用75度酒精清洁甲面

2　涂抹干燥剂，注意切勿让干燥剂接触皮肤

3　涂抹结合剂

4　固定纸托板，注意中心线要与手指中心对齐，指甲前缘与纸托间不能有缝隙

5　用沾满水晶液的水晶笔蘸取适量透明色水晶粉，形成水晶酯

6　将水晶酯放置在结合处，往前缘轻拍做出甲床延长

7 轻拍出甲形，调整弧度

8 等待水晶酯晾干

9 用沾满水晶液的水晶笔蘸取适量的透明水晶粉，形成水晶酯并放置在甲面中部，轻拍出整甲甲形

10 再取少量水晶酯放置在甲面后缘1毫米处，用笔向前缘方向轻拍，使指甲表面尽量光滑平整，并制作出自然弧度

带水晶甲半干后，用双手拇指侧按在A、B两点处，均匀用力向中间挤压，使指甲形成自然C弧拱度

11 撕开纸托后缘，然后捏住纸托向下取出

12 根据甲面宽度选择合适的塑型棒，将其卡在指甲前缘下端并固定，用手指按住微笑线两侧，均匀用力向内捏，借助塑型棒的弧形来塑造指甲的自然弧度

13 待水晶甲完全干透后，用砂条修磨甲形，注意指甲前端要横向修磨成直线

14 两侧应修磨至平行且侧面多余部分修磨至与本甲在同一直线上

15 用砂条打磨甲面，使甲面平整达到适宜的弧度、厚度

16 打磨甲面后端时砂条横向倾斜，将甲面打磨至与本甲平行。打磨完整个甲面应呈现自然饱满的弧度

17 用海绵锉抛磨甲面与两侧

17-2

18 用粉尘刷扫除多余粉屑

19 再用75度酒精清洁甲面

20 涂抹封层，照灯固化90秒

21 如果涂抹的是擦洗封层，需用95度酒精清洁甲面浮胶

完成，两侧甲缘平行

甲面弧度平滑、饱满

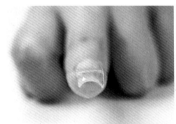

指尖弧度饱满，两边对称，甲面厚度适中

知识便签

_____

_____

_____

_____

_____

_____

6.4　水晶法式甲

制作水晶法式甲需要的工具和材料有：75 度酒精、95 度酒精、砂条、海绵锉、抛光条、粉尘刷、纸托、干燥剂、结合剂、塑型棒、水晶笔、水晶杯、水晶液、透明色水晶粉、白色水晶粉、封层。

水晶法式甲的制作步骤如下。

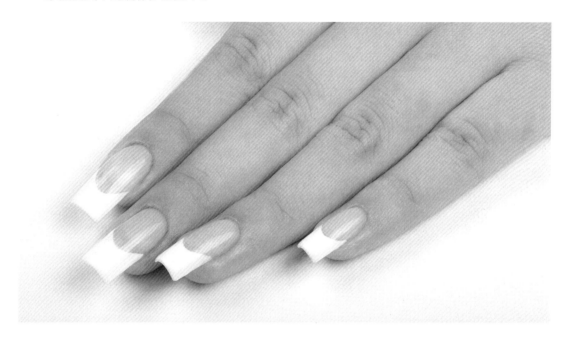

1　刻磨整甲并用 75 度酒精清洁甲面

2　涂抹干燥剂，注意切勿让干燥剂接触皮肤

3　涂抹结合剂

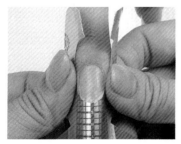

4　固定纸托板，注意中心线要与手指中心对齐，指甲前缘与纸托间不能有缝隙

5　用沾满水晶液的水晶笔蘸取适量白色水晶粉，形成水晶酯放置在甲面前端，轻拍做出法式部分

6　调整法式微笑线弧度

7-1

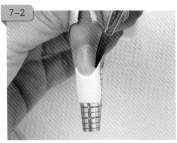
7-2

8-1

7 用笔调整法式微笑线 A、B 两点的高度，注意微笑线要圆润自然

8 调整两侧与前端的甲形，保持两侧平行，前端呈一水平线

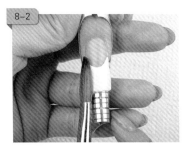
8-2

9 用沾满水晶液的水晶笔蘸取适量透明色水晶粉，形成水晶酯放置在结合处

10 用水晶笔向前缘轻拍出甲形，使甲面尽量光滑平整，并制作出弧度

11-1

11-2

11 再取少量水晶酯放置在甲面后缘 1 毫米处，用笔向前缘方向轻拍，使指甲表面尽量光滑平整，并制作出自然弧度

12 待水晶法式甲半干后，取下纸托

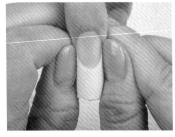

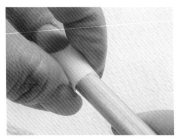

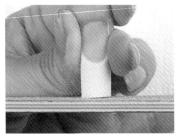

13 用双手拇指侧按在 A、B 两点，均匀用力向中间挤压，使指甲形成自然 C 弧拱度

14 用塑型棒进行再次定型

15 待水晶法式甲完全干透后，用砂条修磨甲形，注意指甲前端用砂条横向修磨成直线

16 两侧应修磨至平行

17 将侧面多余部分修磨至与本甲在同一直线上

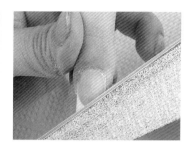

18 用砂条打磨甲面，使甲面平整并达到适宜的弧度、厚度

19 用海绵锉打磨甲面，使甲面平整光滑

20 用抛光条为甲面抛光，也可以直接上封层照灯固化

完成，两侧甲缘平行

甲面弧度平滑，饱满

指尖弧度饱满，两边对称，甲面厚度适中

知识便签

6.5 虚拟甲床反法式甲

制作虚拟甲床反法式甲需要的工具和材料有：纸托、干燥剂、抛光条、砂条、水晶笔、水晶粉、水晶液、塑型棒、海绵锉、75 度酒精、粉尘刷。

虚拟甲床反法式甲的制作步骤如下。

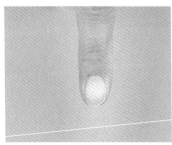

1 刻磨整甲并用75度酒精清洁甲面

2 涂抹干燥剂，注意切勿让干燥剂接触皮肤

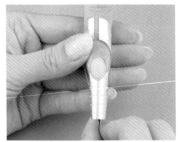

3 固定纸托板，注意中心线要与手指中心对齐，指甲前缘与纸托间不能有缝隙

4 用沾满水晶液的水晶笔蘸取适量自然肤色水晶粉，形成水晶酯放置在结合处，往前缘轻拍做出甲床延长

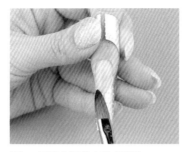

5 用笔身轻拍出甲床形状

6 再用沾满水晶液的水晶笔蘸取适量白色水晶粉，形成水晶酯放置在甲面前端，轻拍做出法式部分

7 调整法式微笑线弧度

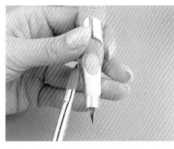

8 调整两侧与前端的甲形，保持两侧平行，前端呈一水平线

9 用笔调整法式微笑线 A、B 两点的高度

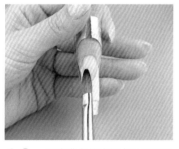

10 用沾满水晶液的水晶笔蘸取适量的透明水晶粉，形成水晶酯并放置在结合处

11 用水晶笔向前缘轻拍出甲形，使甲面尽量光滑平整，并制作出弧度

12 水晶酯需与指甲后缘保持 1 毫米距离，并调整甲面厚度

13 待水晶法式甲半干后，取下纸托

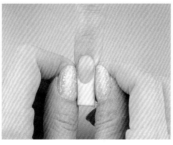

14 用双手拇指侧按在 A、B 两点，均匀用力向中间挤压，使指甲形成自然 C 弧拱度

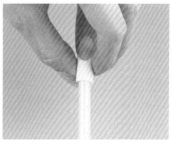

15 用塑型棒进行再次定型

16 待水晶法式甲完全干透后，用砂条修磨甲形，注意指甲前端用砂条横向修磨成直线

17 两侧应修磨至平行

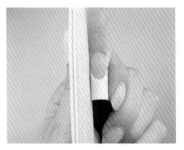

18 将侧面多余部分修磨至与本甲在同一直线上

19 用砂条打磨甲面，使甲面平整并达到适宜的弧度、厚度

20 用海绵打磨甲面，使甲面平整光滑

21 用抛光条为甲面抛光，也可以直接上封层照灯固化

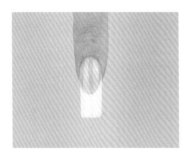

完成，两侧甲缘平行

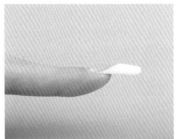

甲面弧度平滑、饱满

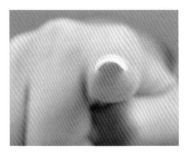

指尖弧度饱满，两边对称，甲面厚度适中

知识便签

_____

_____

_____

_____

6.6 花式渐变水晶甲

　　制作花式渐变水晶甲需要的工具和材料有：砂条、纸托、干燥剂、水晶笔、水晶液、水晶粉、海绵锉、75 度酒精、塑型棒、清洁刷、粉尘刷、抛光条。

　　花式渐变水晶甲的制作步骤如下。

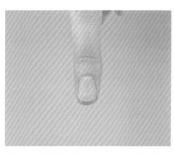

1　刻磨甲面并用75度酒精清洁甲面

2　涂抹干燥剂，注意切勿让干燥剂接触皮肤

3　确保甲面处于干净状态

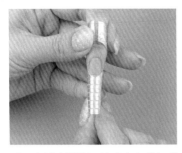

4 固定纸托板，注意中心线与手指中心对齐，指甲前缘与纸托间不能有缝隙

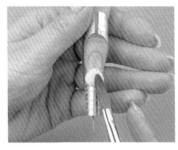

5 用沾满水晶液的水晶笔蘸取适量白色珠光水晶粉，形成水晶酯并放置在结合处

6 往前缘轻拍做出渐变延长，拍出甲形并调整水晶酯的厚度

7 调整前端甲形，保持前端呈水平直线

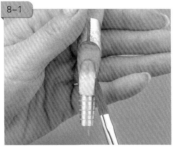

8-1

8-2

8 调整两侧甲形，保持两侧平行

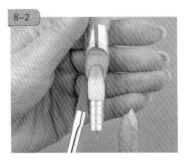

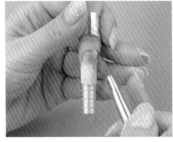

9 用沾满水晶液的水晶笔蘸取适量的透明水晶粉，形成水晶酯并放置在甲面后缘1毫米处

10 用笔向前缘方向轻拍，使指甲表面尽量光滑平整

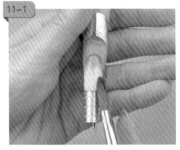

11-1

11 调整甲形并制作出自然的弧度

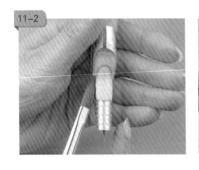

11-2

12 待水晶渐变甲半干后，取下纸托

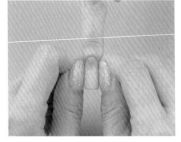

13 用双手拇指侧按在甲面两侧A、B点位置，均匀用力向中间挤压，使指甲形成自然C弧拱度

14 用塑型棒进行再次塑型

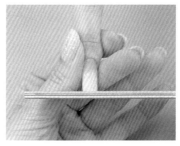

15 待渐变水晶甲完全干透后，用砂条修磨甲形，注意指甲前端要横向修磨成直线

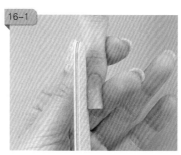

16-1

16 两侧应修磨至平行且侧面多余部分修磨至与本甲在同一直线上

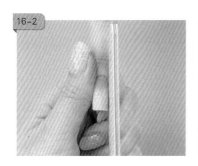

16-2

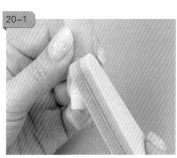

17 用砂条打磨甲面，使甲面平整并达到适宜的弧度、厚度

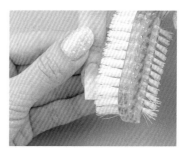

18 用清洁刷刷去甲沟粉尘

19 用粉尘刷扫除多余粉屑

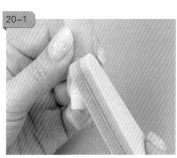

20-1

20 用海绵锉抛磨甲面与两侧

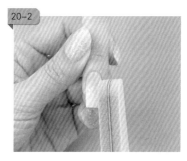

20-2

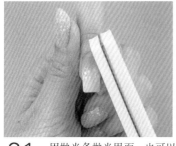

21 用抛光条抛光甲面，也可以直接上封层照灯固化

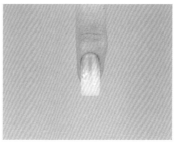

完成，两侧甲缘平行

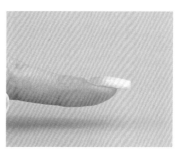

甲面弧度平滑、饱满

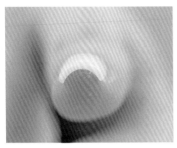

指尖弧形自然饱满，两边对称，甲面
厚度适中

知识便签

6.7　修补损伤甲

　　修补损伤甲需要的工具和材料有：75度酒精、95度酒精、砂条、海绵锉、粉尘刷、贴片胶水、干燥剂、结合剂、水晶笔、水晶杯、水晶液、透明色水晶粉、免洗封层。

　　修补损伤甲的步骤如下。

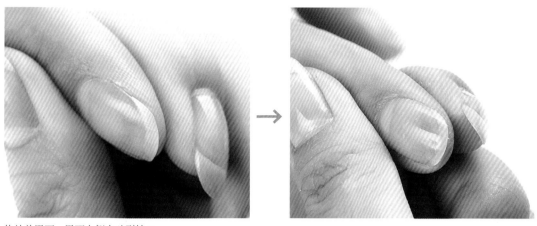

修补前甲面，甲面右侧有破裂缺口

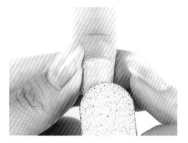

1　用砂条刻磨整个甲面至不光滑

2　用粉尘刷扫除多余粉屑

3　用75度酒精清洁甲面

4　黏合缺口，在甲面缺口处涂抹美甲专用贴片胶水，使胶水渗透到缺口里，等待自然干透

5　用砂条轻轻打磨甲面，将胶水黏合处打磨平滑

6　再用75度酒精清洁甲面

7 涂抹干燥剂，注意切勿让干燥剂接触皮肤

8 涂抹结合剂

9 用沾满水晶液的水晶笔蘸取适量的透明色水晶粉，形成水晶酯放置在甲面中部，并用笔向前缘方向轻拍

10 再取少量水晶酯放置在甲面后缘1毫米处，用笔向前缘方向轻拍，使指甲表面尽量光滑平整，并制作出自然弧度

11 待水晶甲完全干透后，用砂条修磨甲形，注意指甲前端要横向修磨成直线

12 用砂条打磨甲面，使甲面平整并达到适宜的弧度、厚度

13-1

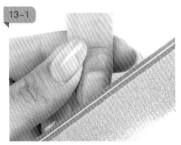

13-2

13 用海绵锉抛磨甲面与两侧

14 用粉尘刷扫除多余粉屑

15 用75度酒精清洁甲面

16 涂抹免洗封层，照灯固化90秒

完成，甲面右侧的缺口处修补完好，甲面光滑平整

6.8 修复水晶甲

修复水晶甲需要的工具和材料有：75度酒精、95度酒精、砂条、海绵锉、抛光条、打磨机、粉尘刷、干燥剂、结合剂、水晶笔、水晶杯、水晶液、透明色水晶粉、白色水晶粉、封层。

修复水晶甲的步骤如下。

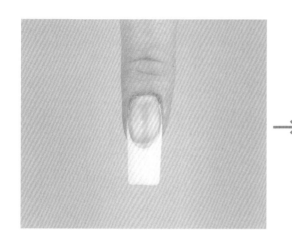 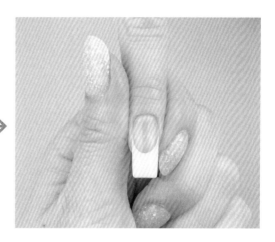

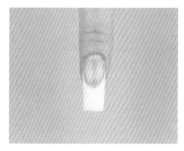

1 指甲已经长出一定长度，甲面后缘有起翘状况且能看到游离缘，前缘过长

2 用打磨机修磨指甲前缘，将指甲修磨到理想长度

3 用打磨机轻轻打磨甲面后缘起翘部分

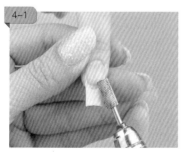

4 用打磨机轻轻打磨整个甲面

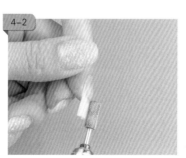

5 用死皮推圆头一端将甲面后缘的指皮往上轻推

6 用死皮推的尖头一端将甲面后缘起翘的水晶甲去除

7 用砂条打磨整甲使甲面平整

8 用粉尘刷扫除多余粉屑并用75度酒精清洁甲面

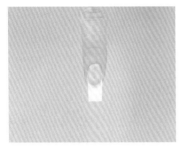

9 除去起翘部分，打磨清洁后的效果

10 涂抹干燥剂，注意干燥剂切勿接触皮肤

11 涂抹结合剂

12 用沾满水晶液的水晶笔蘸取适量的白色水晶粉，形成水晶酯放置在甲面前端

13 用水晶笔轻拍白色水晶酯，调整法式形状与厚度，并做出微笑线

14-1

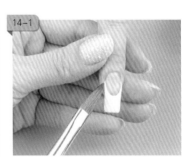

14 调整法式微笑线两侧 A、B 点的高度，注意法式线的弧度要圆润、自然

14-2

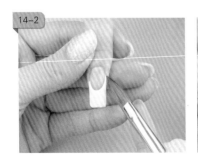

15 再用沾满水晶液的水晶笔蘸取适量的透明色水晶粉，形成水晶酯放置在结合处

16 用笔身轻拍，调整厚度使甲面平滑自然

17 用沾满水晶液的水晶笔蘸取少量的透明色水晶粉，形成水晶酯放在离后缘1毫米处，用笔轻拍开

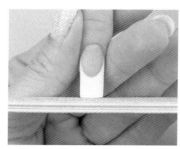

18 晾干后用砂条修磨甲形，注意指甲前端用砂条横向修磨成直线

19-1

19 指甲两侧应修磨至平行

19-2

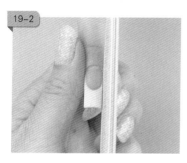

20 将左右侧面多余部分打磨至与本甲在同一直线上

21 用砂条打磨甲面，使甲面平整，并达到适宜的弧度、厚度

22 用打磨机轻轻打磨指甲内侧，注意按压指甲微笑线两侧，打磨出合适厚度

23 用海绵锉抛磨甲面

24 用抛光条抛光甲面，也可以直接上封层，照灯固化

完成，注意两侧甲缘平行

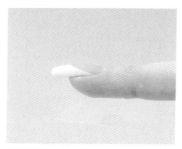

甲面弧度平滑、饱满

指尖弧度自然饱满，两边对称，甲面厚度适宜

6.9 水晶加强本甲

　　制作水晶加强本甲需要的工具和材料有：75度酒精、95度酒精、砂条、海绵锉、粉尘刷、干燥剂、结合剂、水晶笔、水晶杯、水晶液、透明色水晶粉。

　　水晶加强本甲的制作步骤如下。

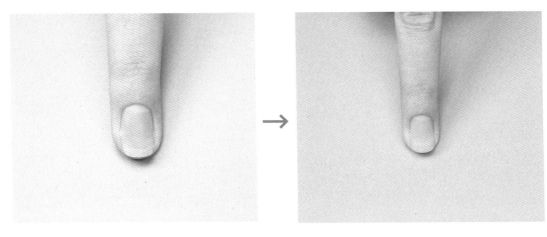

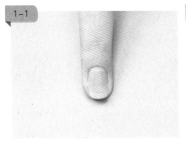

1　指甲软薄，指甲前缘容易造成裂口

2　用海绵锉轻轻刻磨整甲

3　用粉尘刷扫除多余粉屑

4　用75度酒精清洁甲面

5　涂抹干燥剂，注意切勿让干燥剂接触皮肤

6　涂抹结合剂

7　用沾满水晶液的水晶笔蘸取适量透明色水晶粉，形成水晶酯

8　放置在甲面的中心，往前缘轻拍

9-1

9-2

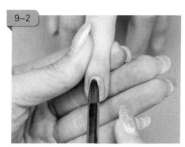

9　拍打出甲形时，要注意厚度均匀

10　再用沾满水晶液的水晶笔蘸取适量的透明色水晶粉，形成水晶酯，放置在离指甲后缘1毫米的距离

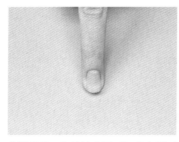

11　往前缘方向轻拍，使指甲表面尽量光滑平整，待水晶酯完全干透

使用砂条、海绵锉将甲面打磨光滑至平整、饱满，完成

指甲前缘厚度适中

知识便签

_____

_____

_____

_____

6.10 打磨机卸水晶甲的方法

打磨机卸水晶甲需要的工具和材料有：平口钳、打磨机、死皮推、锡纸、卸甲水、棉花、砂条、镊子、海绵锉、粉尘刷。

打磨机卸水晶甲的步骤如下。

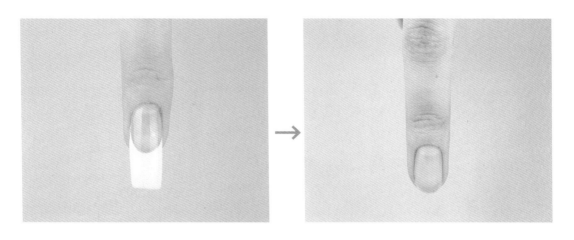

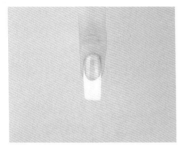

1 还未卸除的水晶甲

2 先用平口钳将过长的水晶甲剪掉

3 修剪时要注意相对平整且不要剪得太靠近指尖

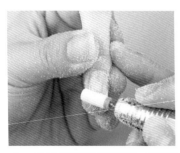

4 用打磨机轻轻打磨甲面，要把握好打磨力度、角度，切勿伤及本甲

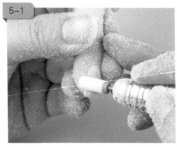

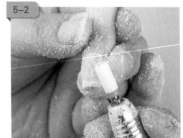

5 注意左右两侧与指甲后缘都要适当打磨

5-3

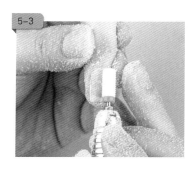

6　适当修磨指甲前端水晶甲部分

7　用粉尘刷扫除多余粉屑

8　用镊子把沾有足量卸甲水的棉花放在甲面上，注意棉花要完全覆盖甲面

9　用锡纸将棉花包裹起来，注意密封好

10　等待10~15分钟

13-1

11　用镊子将棉花取出

12　用死皮推轻轻推除已软化的水晶甲

13　注意指甲两侧也要推除到位，再往前缘处推剩下的部分

13-2

14　用海绵锉轻轻抛磨甲面上残余的水晶甲

15　左右两侧的残余水晶甲要打磨到位

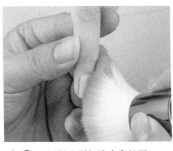 **16** 用粉尘刷扫除多余粉屑

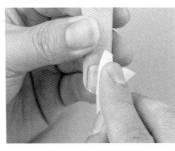 **17** 用 75 度酒精清洁甲面

 **18** 用砂条修磨甲形

 **19** 用海绵锉修磨指甲前端

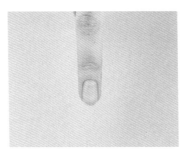 完成

Tips：

● 卸除水晶甲后，指甲表层会有刻痕，此时可直接做款式，亦可用海绵锉与抛光条抛光甲面。

知识便签

第 7 章
光疗甲

光疗甲的成分为天然树脂，健康无刺激，既不会损害指甲，又能有效地矫正甲形，使指甲更加纤细动人。作为仿真延长甲，光疗甲相比水晶甲操作稍简单一些，在照灯前美甲师有充分的操作时间。而光疗甲与自然指甲一样有韧性，不易断裂，光泽度佳，是美甲师需要掌握的重要技术。

7.1 光疗甲的产品和工具

（1）纸托

纸托是延长、固定以及定型指甲时的辅助工具，如图7-1所示。

图7-1 纸托

（2）光疗胶

光疗胶用于加固、延长、矫正甲形，如图7-2所示。

图7-2 光疗胶

（3）光疗笔

光疗笔用于取光疗胶，并涂抹至甲面上。光疗笔有平头和圆头两种，如图7-3所示。

（a）平头光疗笔　　　　　　　　（b）圆头光疗笔

图7-3 光疗笔

7.2 光疗延长甲

制作光疗延长甲需要的工具和材料有：75度酒精、95度酒精、砂条、海绵锉、粉尘刷、纸托、光疗笔、底胶、光疗延长胶、免洗封层。

光疗延长甲的制作步骤如下。

1 用砂条刻磨甲面至不光滑

2 用粉尘刷扫除多余粉屑

3 用75度酒精清洁甲面

4 整理后效果

5 将纸托卡在指甲前缘下端，用两指于A、B两点处向下压弯两端使其黏合

6 注意中心线与手指中心对齐，指甲前缘与纸托间不能有缝隙

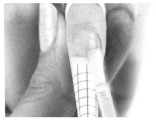

7 涂抹底胶，照灯固化 60 秒

8 用光疗笔取适量的光疗胶

9 从指甲和纸托交界处开始，向延长方向以打圈的方式带动光疗胶，做出前缘甲形，照灯固化 60 秒

10 再取适量光疗胶放在离指甲后缘 1 毫米处

11 往前缘方向带动，照灯固化 30 秒至半固化状态

12 用双手拇指稍微挤压 A、B 两点，辅助甲形形成自然 C 弧拱度，照灯固化 60 秒

13 撕下纸托后缘，然后捏住纸托向下取出

14 用砂条横向修磨指甲前端，使前端与两侧垂直

15 用砂条修磨两侧，至两侧甲形平行

16 打磨整个甲面，使甲面平整且达到适合的薄度与弧度

17 用海绵锉轻轻抛磨甲面

18 用粉尘刷扫除多余粉屑

19　用75度酒精清洁甲面

20　涂抹免洗封层，照灯固化 90 秒

完成，两侧甲缘平行

甲面弧度平滑、饱满

知识便签

_____

_____

_____

_____

_____

_____

_____

_____

_____

_____

7.3 光疗法式甲

制作光疗法式甲需要的工具和材料有：75度酒精、95度酒精、砂条、海绵锉、粉尘刷、纸托、光疗笔、底胶、光疗延长胶、白色甲油胶、免洗封层。

光疗法式甲的制作步骤如下。

1 用砂条刻磨甲面至不光滑

2 用粉尘刷扫除多余粉屑

3 用75度酒精清洁甲面

4 整理后效果

5 将纸托卡在指甲前缘下端，用两指于A、B两点处向下压弯两端使其黏合

6 注意中心线与手指中心对齐，指甲前缘与纸托间不能有缝隙

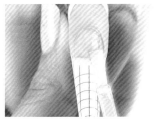

7　涂抹底胶，照灯固化 60 秒

8　用光疗笔取适量的光疗胶

9　从指甲和纸托交界处开始，向延长方向以打圈的方式带动光疗胶，做出前缘甲形，照灯固化 60 秒

10　再取适量光疗胶放在离指甲后缘 1 毫米处

11　往前缘方向带动，照灯固化 30 秒至半固化状态

12　用双手拇指稍微挤压 A、B 两点，辅助甲形形成自然 C 弧拱度，照灯固化 60 秒

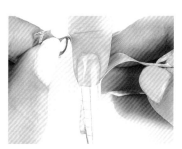

13　撕下纸托后缘，然后捏住纸托向下取出

14　用砂条横向修磨指甲前端，使前端与两侧垂直

15　用砂条修磨两侧，至两侧甲形平行

16　打磨整个甲面，使甲面平整且达到适合的薄度与弧度

17　用海绵锉轻轻抛磨甲面

18　用粉尘刷扫除多余粉屑

19 用95度酒精清洁甲面

20 在甲面涂抹底胶，要注意包边，照灯固化60秒

21 用光疗笔蘸取适量白色甲油胶，先进行包边再沿着甲面微笑线画出法式线

22 填充颜色，使颜色均匀弧度对称，照灯固化60秒

23 重复上色，使法式线饱满，照灯固化60秒

涂抹免洗封层，照灯固化90秒，完成

Tips：

● 白色甲油胶应选用饱和度、黏稠度较高的甲油胶，比较容易上色。

● 封层应选用防黄功能高的产品。

● 法式线要做到AB点对称、C点居中，才能两边对称。

● AB点和C点要根据不同的客人设计不同的高度与弧线大小。

● 法式线制作时可根据习惯选用斜头或平头光疗笔。

知识便签

_____

_____

_____

_____

7.4 光疗反法式甲（高位法式）

　　制作光疗反法式甲需要的工具和材料有：75 度酒精、95 度酒精、砂条、海绵锉、粉尘刷、纸托、光疗笔、底胶、光疗延长胶、白色甲油胶、免洗封层。

　　光疗反法式甲的制作步骤如下。

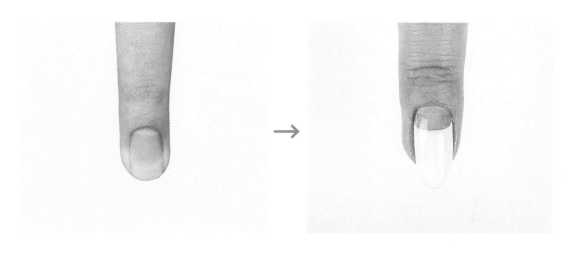

1 制作光疗甲后，用海绵锉刻磨甲面至不光滑

2 用粉尘刷扫除多余粉屑

3 用 75 度酒精清洁甲面

4 涂抹底胶，注意包边，照灯固化 60 秒

5 用光疗笔蘸取适量白色甲油胶，在甲面后缘处画出光滑流畅的弧线

6 填充颜色，除了后缘留白部分，甲面其他部分都涂满白色

7　用光疗笔蘸取95度酒精，修饰后缘弧线，使线条流畅、弧度饱满、边缘清晰，照灯固化60秒

8　重复上色，使反法式线饱满，照灯固化60秒

9　涂抹封层，照灯固化90秒

10　在甲缘处涂抹营养油

11　加以按摩，帮助皮肤吸收

完成，后缘的弧线弧度饱满、边缘清晰

知识便签

7.5　快速光疗甲

　　快速光疗是指利用快速光疗美甲套装来完成光疗延长，它具备了普通甲片和光疗延长甲没有的柔软特效，质感上更接近真甲，操作起来也更简便省时。

　　制作快速光疗甲需要的工具和材料有：75 度酒精、95 度酒精、砂条、海绵锉、粉尘刷、底胶、快速光疗胶（图 7-4）、贴片胶水（图 7-5）、快速光疗甲片（图 7-6）、封层。

图 7-4　快速光疗胶

注：贴好甲片后涂抹于甲面，可二次加固贴片。

图 7-5　贴片胶水

注：贴片胶水用于粘贴甲片。

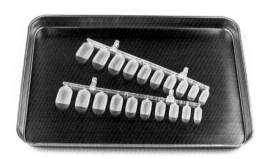

图 7-6　快速光疗甲片

注：快速光疗甲片呈透白色，甲片较薄，具有一定韧性。

制作快速光疗甲的标准流程如下。

1 选择快速光疗甲片，将甲片覆盖在甲盖上，用拇指按压甲片前端，对比甲片与指甲后缘的弧度是否贴合，应选择比甲床稍宽一些的甲片

2 用砂条竖向刻磨甲面至不光滑

3 用粉尘刷扫除多余粉屑

4 用75度酒精清洁甲面

5 整理后效果

6 在甲片背面凹槽处涂抹贴片胶水，注意胶水要均匀分布到位，甲片的后端边缘要涂抹胶水，防止起翘

7 用甲片遮盖住2/3的真甲，向前挤压排除气泡并粘贴。注意按压甲片两侧，避免两侧起翘

8 轻轻弯折，将甲片取下

9 用砂条修磨指甲前缘

10 两侧应修磨至与本甲在同一直线上

11 在接口处涂抹底胶，填补接口处凹陷，照灯固化60秒

12 涂抹快速光疗胶，增加整甲硬度，照灯固化60秒

13　用海绵锉轻抛甲面，使其平整光滑

14　用粉尘刷扫除多余粉屑

15　用 75 度酒精清洁甲面

16　涂抹封层，注意包边并均匀涂抹整个甲面，照灯固化 90 秒

17　如果用的是擦洗封层，需要用 95 度酒精清洁浮胶

完成，甲面弧度平整自然

指甲弧度自然饱满，两边对称，甲面厚度适宜

知识便签

7.6 卸除光疗甲

卸除光疗甲需要的工具和材料有：75度酒精、95度酒精、指甲剪、砂条、海绵锉、粉尘刷、镊子、锡纸、棉花、卸甲水、死皮推。

卸除光疗甲的步骤如下。

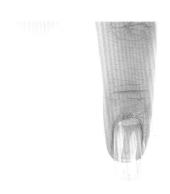
→
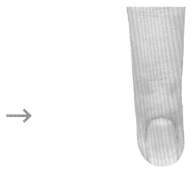

1 用指甲剪从两侧开始，将过长指甲前缘剪去，注意不要剪得太靠近指尖

2 用砂条轻轻打磨甲面光疗胶，避免伤及本甲

3 用粉尘刷扫除多余粉屑

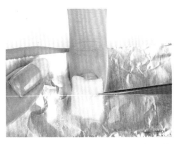

4 用镊子把沾有足量卸甲水的棉花放在甲面上，注意棉花要完全覆盖甲面

5 用锡纸将棉花包裹起来，注意密封好

6 等待5~10分钟

7　整体取出棉花与锡纸

8　用死皮推轻轻推除已软化的光疗甲

9　注意指甲两侧也要推除到位，再往前缘处推剩下的部分

10　用海绵锉轻轻抛磨甲面上残余的光疗胶

11　用粉尘刷扫除多余粉屑

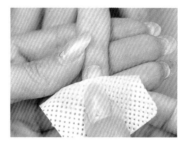

12　用 75 度酒精清洁甲面

完成

知识便签

_____

_____

_____

_____

_____

_____

第 8 章
美甲彩绘

　　彩绘的技法众多，其中排笔与圆笔技法被美甲师广泛应用。美甲师应注意绘制立体花朵时用笔的力度与角度，学会提转、提收、连笔等彩绘手法。从基础笔法到具体技法的运用，本章都会一一详细解释。

8.1　美甲彩绘的产品、工具

美甲彩绘常用的工具和产品有排笔、圆笔、小笔、美甲灯、丙烯颜料和彩绘胶等。

（1）排笔

排笔有平头与斜头之分（图8-1），常用于绘画立体渐变花瓣，也就是3D彩绘，操作简单。

（a）平头排笔

（b）斜头排笔

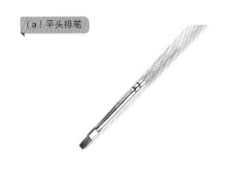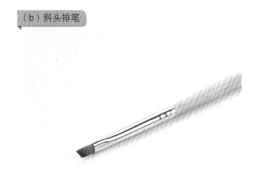

图 8-1　排笔

图 8-2　圆笔

（2）圆笔

圆笔常用于绘画较圆润的花瓣及叶子，如图8-2所示。

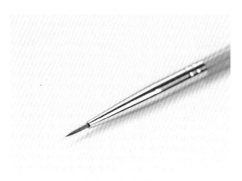

图 8-3　小笔

（3）小笔

小笔常用于线条的勾勒与精细花朵的彩绘，如图8-3所示。

（4）美甲灯

美甲灯用于固化甲油胶、光疗凝胶类、封层、底层等，如图8-4所示。

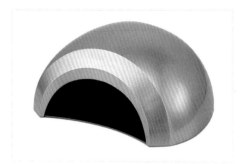

图8-4 美甲灯

（5）丙烯颜料

丙烯颜料具有多种颜色，可以绘制不同的彩绘款式，不易掉色且附着力强，如图8-5所示。

图8-5 丙烯颜料

（6）彩绘胶

彩绘胶具有多种颜色，可以绘制不同的彩绘款式，如图8-6所示。

图8-6 彩绘胶

知识便签

_____

_____

_____

8.2　排笔彩绘的基本笔法与运用

彩绘的技法众多，其中，3D排笔技法被美甲师广泛应用。所谓3D技法即在平面二维上绘出如实物般的三维图像，使甲面彩绘立体、自然，画面层次丰富，深受群众喜爱。下面将介绍排笔彩绘的基本笔法及其运用。

8.2.1　排笔晕色法

排笔晕色法的步骤如下。

1　调色的方法是，排笔一半蘸取白色另一半蘸取红色

2　在画板上直线排色，直到中间有渐变过渡颜色即可

3　下笔要轻，再慢慢向上提转压笔

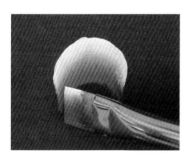

4　向上提画出上拱门，转下收笔

5　下笔要轻，再慢慢向下提收压笔

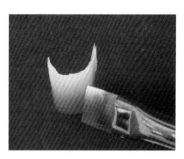

6　画下拱门，向下压笔转动画出微笑弧，向上提收笔

7　上、下拱门结合形成圆桶形效果

8.2.2 玫瑰花画法

绘制玫瑰花的步骤如下。

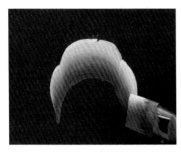

1 提转连笔，画出顶部的第一个花瓣。把笔法连接起来画出外层花瓣

2 画出上拱门作为花朵内层

3 画出内层下拱门形成圆桶作为花芯

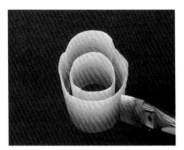

4 画出外层拱门形成花苞

5 向下收笔，画出一侧外花瓣

6 向上提转，用同样手法画出另一侧花瓣

再添加花瓣，完成

知识便签

8.2.3　兰花画法

绘制兰花的步骤如下。

1　使用向上连笔提转的笔法，画出立体的兰花花瓣

2　用同样的方法画出另外几片花瓣

3　用拉线笔蘸取白色及黄色丙烯颜料勾画出花芯，完成

知识便签

_____

_____

_____

_____

_____

_____

_____

_____

8.2.4 叶子画法

绘制叶子的步骤如下。

1 向上提收笔

2 向下收笔。一笔向上，一笔向下，就完成一片简单的叶子

3 叶子的左半部分使用向上提转和向下提收两种笔法结合，右半部分使用向下收笔和转下收笔两种笔法结合，这样就能完成带有立体感的叶子

4 可以使用不同的笔法组合完成各种不同形状的叶子

知识便签

8.2.5 小金鱼画法

绘制小金鱼的步骤如下。

  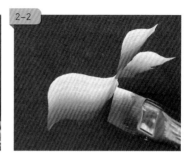

1 用向上提笔的笔法，横向地画
出身体

2 用提转笔法画出鱼尾，用转收笔法画出鱼鳍

3 用小笔简单勾画出鱼鳍和眼睛，
就能画出一条简单的小金鱼

知识便签

_____

_____

_____

_____

_____

_____

_____

_____

8.3 排笔双色彩绘

8.3.1 浅蓝色小花画法

　　绘制浅蓝色小花需要用到的工具和材料有：粉紫色甲油胶、免洗封层、海绵锉、75度酒精、浅蓝色丙烯颜料、白色丙烯颜料、排笔、拉线笔。

　　绘制步骤如下。

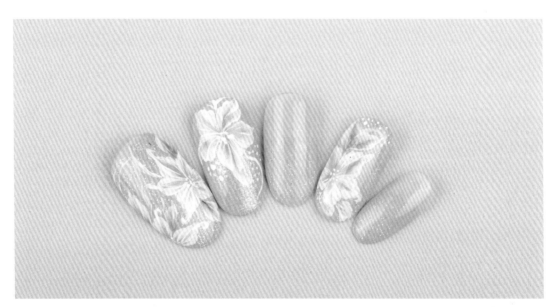

1　用珠光粉紫色甲油胶打底

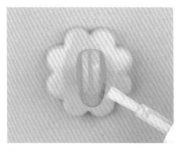

2　涂抹免洗封层，照灯固化90秒

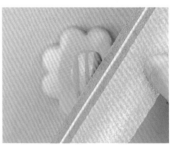

3　用220号海绵锉进行甲面抛磨，使颜料更易附着于甲面

知识便签

4　抛磨后效果

5　用 75 度酒精清洁甲面

6　在笔头两端分别蘸取浅蓝色与白色丙烯颜料晕染后，在甲片中部用提转连笔的手法，向下画出花瓣

7　再用同样手法画出其余花瓣

8　调整花朵

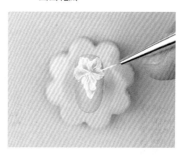

9　用拉线笔蘸取白色丙烯颜料勾勒出花朵边缘

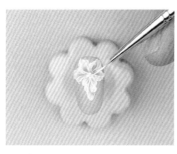

10　点上花芯

11-1

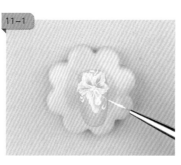

11-2

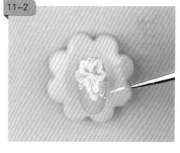

11　画出藤蔓和圆点，等待风干

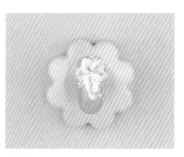

12　涂抹免洗封层，照灯固化90 秒

完成

8.3.2 立体玫瑰花画法

绘制立体玫瑰花需要的工具和材料有：排笔、海绵锉、白色丙烯颜料、红色丙烯颜料、绿色丙烯颜料、免洗封层、拉线笔。

绘制步骤如下。

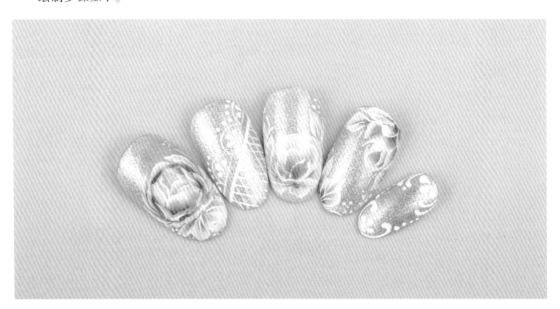

1 先在甲面涂上珠光粉色甲油胶作底色，涂抹免洗封层，照灯固化90秒后用海绵锉抛磨甲面

2 在排笔两头分别沾上白色、红色丙烯颜料，自然晕染后在指甲中部向上提转画出上拱门，转下收笔

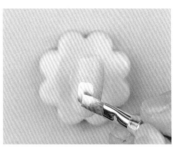

3 再画出外层向内包裹的花瓣

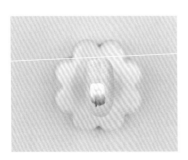

4 形成圆桶作为花芯

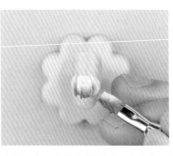

6-1

5 在画出其余花瓣时，应注意下笔的力度与位置

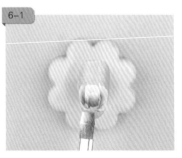

6 画出其他花瓣，使整体效果更加立体

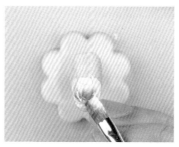

7 修饰花瓣，进一步打造立体感

8 用拉线笔蘸取白色丙烯，勾勒出花朵纹理

9 在排笔两头蘸取白色和绿色丙烯颜料，晕染后在花朵两侧画上叶子

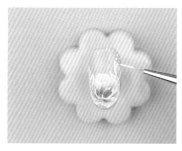

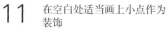

10 用拉线笔蘸取白色丙烯，绘画出叶子的纹理，等待风干

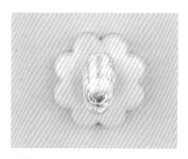

11 在空白处适当画上小点作为装饰

12 刷上免洗封层，照灯固化 90 秒

完成

Tips：

● 若彩绘颜色不够饱满，可重复上色。

8.3.3 紫色小花画法

绘制紫色小花需要的工具和材料有：灰白色甲油胶、排笔、紫色彩绘胶、白色彩绘胶、免洗封层、绿色彩绘胶、小笔。

绘制步骤如下。

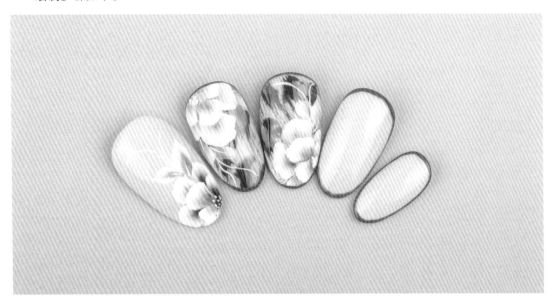

1 灰白色甲油胶打底

2 在排笔两头分别蘸取紫、白两色彩绘胶，进行晕染

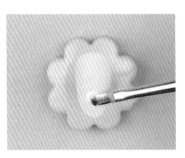

3 向上提转画出上拱门，转下收笔。照灯固化30秒

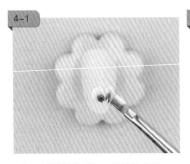

4 用同样的手法画出其他花瓣

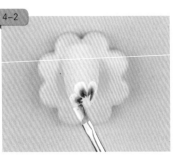

5 控制花瓣大小比例，照灯固化30秒

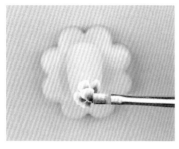

6　在交错的位置画上内花瓣

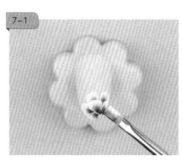

7　花瓣要错落有致，绘画完成后，照灯固化 30 秒

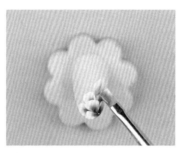

8　在排笔笔头沾上绿、白两色彩绘胶，晕染后，用向上提收的手法绘画出叶子

9　画出叶子的基本形态

10　再用同样方法画出其他叶片，叶子的大小可以自由调整，照灯固化 30 秒

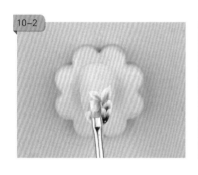

11　用小笔沾上白色彩绘胶画花芯

12　再用小笔沾上白色彩绘胶勾勒叶子纹理，画上藤蔓，照灯固化 60 秒

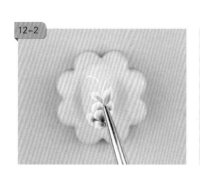

13　涂上免洗封层，照灯固化 90 秒

完成

8.4 圆笔双色彩绘

8.4.1 彩色小花画法

圆笔绘制彩色小花需要的工具和材料有：黑色甲油胶、圆笔、黄色彩绘胶、白色彩绘胶、玫红色彩绘胶、浅蓝彩绘胶、蓝色彩绘胶、免洗封层、金色闪粉甲油胶、小笔。

绘制步骤如下。

1 涂上黑色甲油胶作为底色

2 用圆笔蘸取适量的白色彩绘胶，在甲面中部向右下角用笔轻拉画出花瓣

3 用同样笔法依次画出其他花瓣，注意花瓣的大小与层次

知识便签

4　绘画完成后照灯固化60秒

5　在圆笔的两头分别沾上黄、浅蓝两色彩绘胶，晕然后覆盖白花瓣并形成渐变效果

6　清洗笔刷后，笔头两边分别蘸取黄、红两色彩绘胶，晕染后涂抹甲边花瓣

7-1

7-2

7　笔头两边可以蘸取不同的颜色进行涂抹，增加美感，照灯固化60秒

8-1

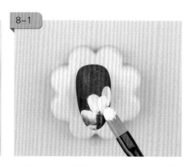

8　在交错的位置画上白色内花瓣，照灯固化60秒

8-2

9-1

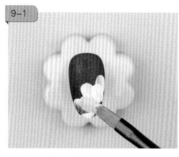

9-2

9　将笔头蘸取不同颜色彩绘胶，晕然后对内层花瓣进行二次涂抹，照灯固化30秒

9-3

10　用金色闪粉甲油胶点上花芯，照灯固化60秒

11　用小笔蘸取白色甲油胶在甲面画出弧线

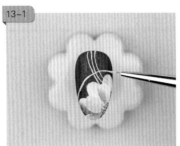

12 弧线依次排列，增加细节

13 画出交错的弧线

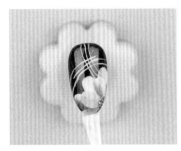

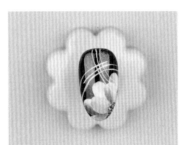

14 涂上免洗封层，照灯固化 90 秒

完成

知识便签

8.4.2 圆笔紫花画法

　　绘制圆笔紫花需要的工具和材料有：白色甲油胶、圆笔、免洗封层、玫红色彩绘胶、紫色彩绘胶、小笔。

　　绘制步骤如下。

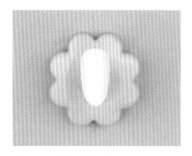

1　白色甲油胶打底

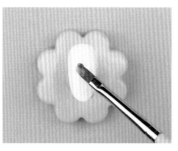

2　在圆笔两头分别蘸取玫红色与紫色彩绘胶，进行晕染

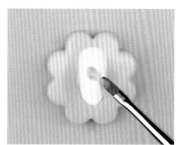

3　在甲面上用压笔轻拉的笔法画出花瓣

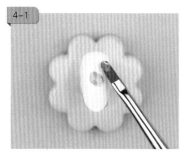

4　再用同样手法画出其他花瓣

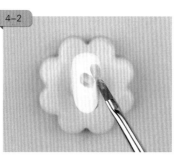

5　控制花瓣的大小、比例

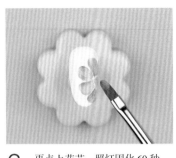
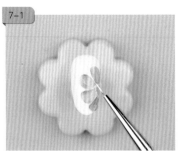
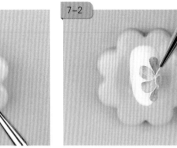

6　再点上花芯，照灯固化60秒

7　用小笔蘸取白色彩绘胶点缀花芯，绘画出花朵纹理，照灯固化60秒

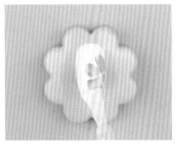

8　涂抹免洗封层，照灯固化90秒　　完成

知识便签

第 9 章
美甲喷绘

美甲喷绘是由"喷"和"绘"两部分组成的。由气泵压缩空气,气流通过导气管进入,再由喷枪嘴"喷"出,从而把色料壶中的液体喷出雾状,再通过各种形状的模板在指甲表面喷出图案。喷绘法制作出的款式常具有细腻的渐变效果,是其他美甲技术难以替代的一种技法。各式喷绘作品如图 9-1 所示。

图 9-1 各式喷绘作品

9.1 喷绘的产品、工具

喷绘的主要工具和材料有：气泵、喷枪、气压调整器、清洁液、清洁笔刷、万向刀、刮刀、切割用玻璃片、遮盖纸、底油、水性颜料等，如图 9-2 所示。

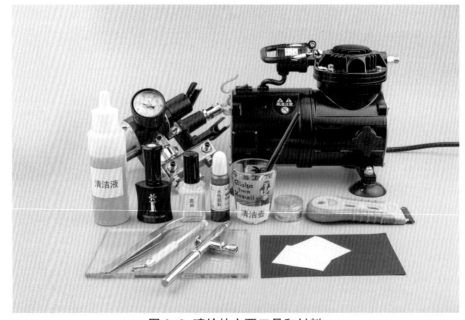

图 9-2 喷绘的主要工具和材料

图 9-3　气泵

（1）气泵

气泵是喷出气体的工具，如图 9-3 所示。它的工作原理是将气体喷至导气管，再经由气体过滤器将颜料从气枪中喷压出来。

（2）喷枪

喷枪是喷出颜料的工具，其出量拉杆可控制气体喷出的量等。喷枪及其结构见图 9-4。

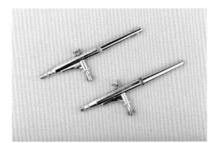
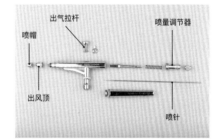

图 9-4　喷枪及喷枪结构图

注：出风顶—颜料与喷气的混合处；喷针—可调节出气量的大小；

喷帽—通过控制空气的喷出，与涂料在喷嘴处形成气雾状，达到喷涂目的；

出气拉杆—通过食指控制喷枪的气量和出料量；喷量调节器—可固定出漆量的大小

（3）气压调整器

气压调整器与气体过滤器连为一体，调整气泵机喷出的气压，去除水分，如图 9-5 所示。

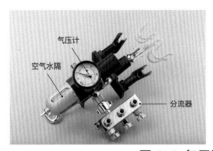

图 9-5　气压调整器结构图

注：分流器—使气压分流，可安装多支喷枪同时使用；

气压计—标识气压度数，气压越大出漆量越多，美甲使用时一般调节在1~2 帕；

空气水隔—隔除气管内部由于气体流动产生的水分。避免在喷绘过程中喷出水珠，影响喷绘效果

（4）清洁液

清洁液在清洁喷枪时使用（图9-6）。

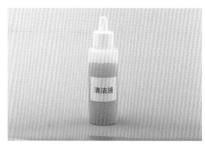

图 9-6 清洁液

（5）清洁笔刷

清洁笔刷是清洁和保养喷枪时使用的工具（图9-7）。

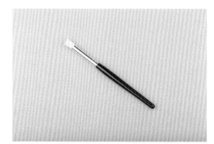

图 9-7 清洁笔刷

（6）万向刀

万向刀是切割遮盖纸的工具，如图9-8所示。刀刃可360度旋转。为避免刀锋磨损图案细节，使用时应控制力度，避免刀锋磨损。

图 9-8 万向刀

（7）刮刀

刮刀用于铲起贴在玻璃板上的遮盖纸，如图9-9所示。

图 9-9 刮刀

图 9-10 切割用玻璃片

（8）切割用玻璃片

切割用玻璃片是切割遮盖纸时垫在底下使用的，是玻璃制的切割台（图 9-10）。

图 9-11　遮盖纸

（9）遮盖纸

用遮盖纸可切割出图案，是贴纸的一个品类（图 9-11）。

图 9-12　底油

（10）底油

底油使颜料更易附着于甲面，在涂抹底油后只能进行颜料喷绘，如图 9-12 所示。为了使颜料的发色效果更好，较多使用珍珠系的底油。

图 9-13　水性颜料

（11）水性颜料

水性颜料不变色，附着力强，分为纯色、半透明色和珠光色三大类（图 9-13）。

9.2 单、双色渐变喷绘

9.2.1 单色渐变喷绘

单色渐变喷绘需要的工具和材料有：乳白色底油 、蓝色水性颜料、免洗封层等。喷绘步骤如下。

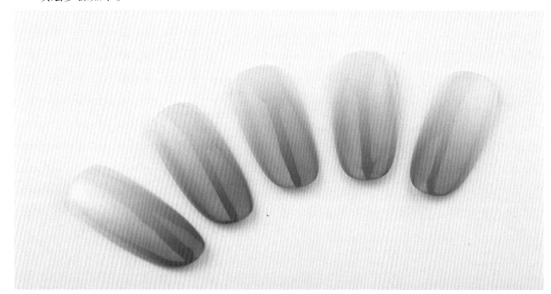

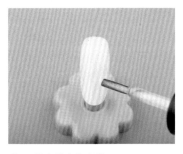

1 涂上乳白色底油

2 往色料壶装入蓝色水性颜料进行喷绘，喷嘴与甲面应保持适当的距离

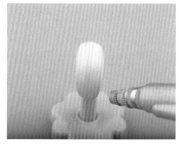

3 从下至上喷至甲面的1/2位置，形成渐变效果

4 同一位置停留时间不能过长（过长会导致颜色过深），等待风干

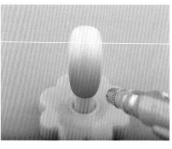

5 重复喷绘，加深末端颜色，待颜料干透

6 涂上免洗封层，照灯固化90秒

完成

知识便签

9.2.2 双色渐变喷绘

　　双色渐变喷绘需要的工具和材料有：乳白色底油、蓝色水性颜料、黄色水性颜料、喷绘工具、免洗封层等。

　　喷绘步骤如下。

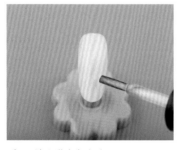

1　涂上乳白色底油

2　往色料壶装入蓝色水性颜料，从下往上由深至浅进行喷绘，喷至甲面1/2的位置，等待风干

3　重复喷绘加深前端部分的颜色，注意颜色的过渡

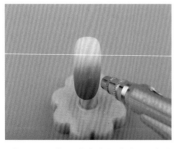

4　取已装入黄色水性颜料的喷枪进行喷绘，控制喷枪的出气量，以免操作失误

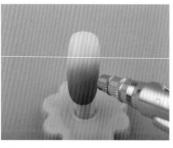

5　颜色交接处过渡自然，形成渐变效果

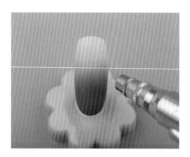

6　重复喷绘，加深颜色，等待风干

 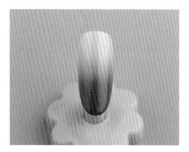

7 涂上免洗封层，照灯固化90秒   完成

知识便签

_____

_____

_____

_____

_____

_____

_____

_____

_____

_____

_____

_____

_____

_____

_____

_____

9.3 正、负喷绘

正、负喷绘是美甲师常用的高级技法。遮盖纸割出所得图案为裁剪图案，又称负图案，反之成为镂空图案，又称正图案。正、负喷绘即结合镂空、裁剪图案共同进行的喷绘创作。

9.3.1 樱花喷绘

樱花喷绘需要的工具和材料有：万向刀、玻璃片、遮盖纸、裸色甲油胶、喷绘工具、深紫色水性颜料、酒红色水性颜料、白色水性颜料、闪粉、免洗封层、镊子。

喷绘步骤如下。

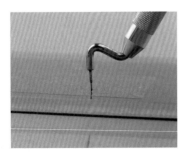

1 把透明遮盖纸放在玻璃片上，用万向刀在遮盖纸上割出樱花图案

2 得到镂空图案及剪裁图案两种

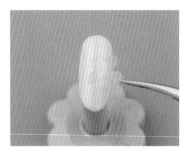

3 裸色甲油胶打底，把剪裁图案用镊子夹起贴在甲面上

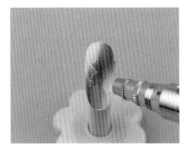

4　用喷枪取深紫色，在甲面上喷出较均匀色块水性颜料

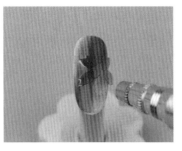

5　用喷枪取酒红色水性颜料，在剪裁图案附近喷上颜色，等待风干

6　用镊子取下剪裁图案，完成第一个花朵

7　用镊子将镂空图案贴在甲面上

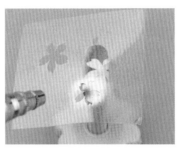

8　使用白色水性颜料以打圈的方式，由远到近进行喷涂

9　得到自然过渡的白色小花，等待风干

10　用同样的手法喷绘出其他花朵

11　在花朵旁边使用镂空图案继续喷出白色叶子

12　得到白色叶子，等待风干后涂抹加固胶或封层

13　在花芯处点上闪粉或亮片作装饰，照灯固化 60 秒

14　涂抹免洗封层，照灯固化 90 秒

完成

9.3.2 五瓣花喷绘

五瓣花喷绘需要的工具和材料有：万向刀、玻璃片、喷绘工具、遮盖纸、黑色甲油胶、白色水性颜料、白色丙烯颜料、小笔、免洗封层。

喷绘步骤如下。

1 把遮盖纸贴在玻璃片上，使用万向刀裁出花瓣的形状，撕下遮盖纸，形成镂空贴纸备用

2 黑色甲油胶打底，把镂空贴纸贴在甲面上

3 用喷枪取白色水性颜料，沿着镂空图案边缘喷涂，等待风干

4 用遮盖手法喷绘出其他花瓣，使花瓣层层叠加

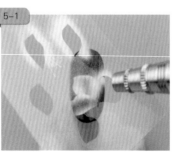

5-1   5-2

5 注意花瓣要错落有致，每喷完一片花瓣都要风干后再进行下一步喷绘

6　形成白色花朵

7　用小笔蘸取白色丙烯颜料，画出花芯及藤蔓作装饰，待颜料风干

8　涂抹免洗封层，照灯固化90秒

完成

知识便签

9.3.3 月季花喷绘

月季花喷绘需要的工具和材料有：万向刀、玻璃片、喷绘工具、遮盖纸、金色甲油胶、深紫色水性颜料、蓝绿色水性颜料、墨绿色水性颜料、白色水性颜料、白色丙烯颜料、免洗封层、加固胶、闪粉、镊子。

喷绘步骤如下。

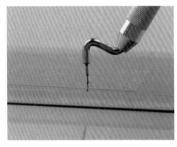

1 使用两张遮盖纸，在第一张上割出花瓣得出剪裁图案，在第二张上割出镂空花瓣图案

2 金色甲油胶打底，用镊子把花瓣剪裁图案贴在甲面上

3 用喷枪取深紫色水性颜料进行斜向喷绘

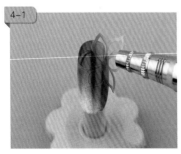

4 用喷枪取蓝绿色和墨绿色水性颜料进行喷绘，使颜色覆盖整个甲面，等待风干

5 用镊子取下遮盖纸，得出花朵图案

6　用镊子将镂空图案贴在甲面上，取白色水性颜料沿着镂空图案边缘进行喷绘

7　用同样手法喷绘花瓣形成花朵雏形

8　先喷出花朵内层，注意把握喷枪出气量

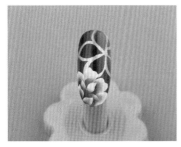

9　再喷出花朵外层，注意花瓣要错落有致，等待风干

10　用小笔蘸取白色丙烯颜料画出花芯及藤蔓，待颜料风干

11　颜料干透后，涂抹加固胶或封层后点上闪粉装饰，照灯固化 60 秒

12　涂抹免洗封层，照灯固化 90 秒

完成

知识便签

9.3.4 线条喷绘

线条喷绘需要的工具和材料有：遮盖条、喷绘工具、深紫色水性颜料、浅蓝色水性颜料、紫红色水性颜料、免洗封层。

喷绘步骤如下。

1　裁出多条粗细不一的遮盖条

2　将粗遮盖条贴在甲面，用喷枪取紫红色水性颜料，沿着遮盖条边缘进行喷绘，颜色干透便可撕下遮盖带

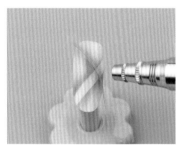

3　将细遮盖条交错贴在甲面，用同样手法进行喷绘

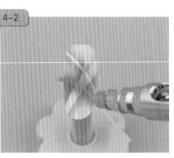

4　再用喷枪取深紫色、浅蓝色水性颜料进行喷绘，等待风干

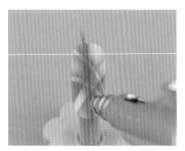

5　注意控制喷枪的出气量

6　待颜料完全风干后，整体涂抹　完成
　　免洗封层，照灯固化 90 秒

知识便签

9.4 甲油胶喷绘的产品、工具

甲油胶喷绘使用的工具有：气泵、喷枪、色料壶（用于倒入甲油胶），如图9-14所示。

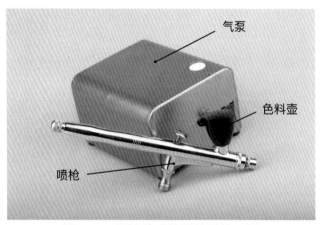

气泵

色料壶

喷枪

图 9-14 甲油胶喷绘所使用的工具

> **Tips：**
> ● 市面上可用于甲面喷绘的甲油胶有两种：一种为甲油胶，另一种为喷绘用甲油胶。

（1）甲油胶

甲油胶如图9-15所示。质地较为黏稠，喷绘时需要稀释液调匀后使用。

图 9-15 甲油胶

（2）喷绘用甲油胶

喷绘用甲油胶如图9-16所示。在给顾客操作时一种颜色滴三四滴即可，不够可再加，切勿一次性加太多（一是防止浪费，二是避免使用时色料壶中洒出颜料）。

图 9-16 喷绘用甲油胶

图 9-17　稀释液

（3）稀释液

　　稀释液如图 9-17 所示。一般的甲油胶直接用于喷绘过于黏稠，需要加入稀释液，达到适宜稠度。

图 9-18　调色皿

（4）调色皿

　　调色皿如图 9-18 所示。滴入甲油胶与稀释液，在调色皿内用调色棒搅拌，得到稠度适宜的甲油胶。

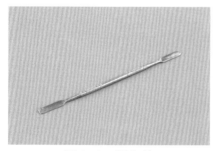

图 9-19　调色棒

（5）调色棒

　　调色棒如图 9-19 所示。用于甲油胶与稀释液的搅拌。

知识便签

9.5 甲油胶喷绘

9.5.1 单色甲油胶喷绘

单色甲油胶喷绘需要的工具和材料有：乳白色甲油胶、喷绘工具、粉红色甲油胶、免洗封层。喷绘步骤如下。

1 完成乳白色甲油胶打底

2 往喷枪的色料壶滴入粉红色甲油胶，为甲面进行喷绘

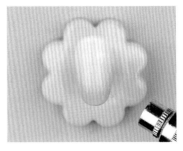

3 注意第一次喷绘时喷嘴应与甲面保持适当的距离，且喷绘时不要在同一位置停留，以免颜色聚堆，照灯固化30秒

4 重复喷绘，再照灯固化30秒

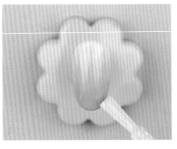

5 涂抹免洗封层，照灯固化90秒

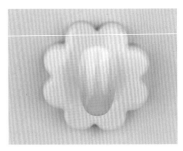

完成

9.5.2　双色甲油胶喷绘

双色甲油胶喷绘需要的工具和材料有：乳白色甲油胶、喷绘工具、浅绿色甲油胶、浅蓝色甲油胶、免洗封层。

双色甲油胶喷绘步骤如下。

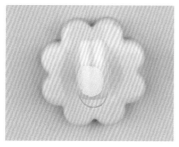

1　乳白色甲油胶打底

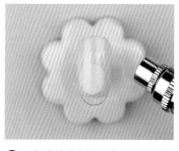

2　往喷枪的色料壶滴入浅蓝色甲油胶，为甲面进行喷绘

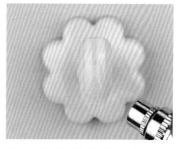

3　再取浅绿色甲油用左右来回的方法喷涂于甲面，使两色自然过渡

4　照灯固化 30 秒

5　重复喷绘加深颜色后照灯固化 30 秒

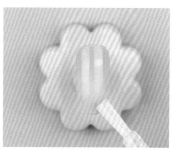

6　涂抹免洗封层，照灯固化 90 秒

完成

知识便签

9.6 喷枪的清洗

在每次进行颜色喷绘后，要进行色料壶的清洗，具体操作如下。

1　往使用后的色料壶倒入清洁液

2　用清洁笔刷清洗内部甲油胶

3　色料壶内壁要清理到位

4　倒掉清洁液，并用无纺布擦拭色料壶内外部

5　倒入适量清洁液

6　用无纺布顶住喷嘴

7　拉动气杆使气体回流，清洗喷枪内部

8　清理后效果

9　再倒入适量清洁液

10 往空白处喷压

11 至喷出透明液体时即为冲洗干净

12 拧开喷枪后杆再拧松针固定头

13 取出喷针

14 使用柔软的纸巾或无纺布沾清洁液，顺着针尖擦洗至完全干净，注意不能在针尖处来回擦洗，以免伤害针尖

15 小心地将喷针插回至枪管内，拧紧针固定头，安装后杆，完成

知识便签

第 10 章
美甲进阶技法

　　除了基础操作技法以外，高级美甲师还需要掌握进阶技法，包括多种雕花技法、微雕浮雕、晕染技巧和装饰品搭配等。进阶技法对于美甲师而言，操作难度的提升，意味着需要花费更多的时间进行练习与钻研。希望读者能够在阅读与练习中掌握本章中的实用技法。

10.1 微雕的产品和工具

（1）雕花胶

雕花胶如图 10-1 所示，环保、无气味、操作方便快捷，需注意的是每完成一步都要照灯固化。

图 10-1 雕花胶

（2）浮雕胶

浮雕胶流动性适中，易塑形且不易坍塌，可结合彩色甲油胶做各种颜色的浮雕款式，如图 10-2 所示。

图 10-2 浮雕胶

（3）雕花笔

雕花笔可与雕花胶或浮雕胶配合使用，用于甲面立体造型的雕塑，如图 10-3 所示。

图 10-3 雕花笔

知识便签

10.2 简单雕艺

10.2.1 白茶花立体雕艺

　　白茶花立体雕艺需要的工具和材料有：雕花笔、雕花胶、压花棒、裸粉色甲油胶、免洗封层、钻饰、光疗胶、95 度酒精、小笔、镊子。

　　白茶花立体雕艺的制作步骤如下。

1 涂抹裸粉色甲油胶作为底色，照灯固化 60 秒

2 取出适量雕花胶，揉成小球状后放置于甲面，用 95 度酒精湿润雕花笔，用笔拍打出形状

3 将球状雕花胶轻压，做出花瓣形状

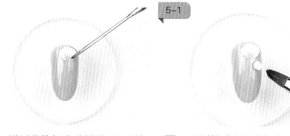

4 用压花棒切出花瓣纹理，照灯固化 60 秒

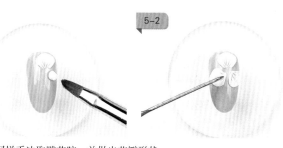

5 用同样手法取雕花胶，并做出花瓣形状

6 用同样手法取适量雕花胶，放置于两片花瓣之间的位置

7 轻压雕花胶，做出第二层花瓣

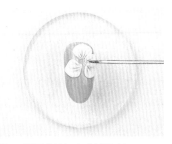

8 用压花棒切出花瓣纹理

9-1

9-2

9 同样手法做出剩余花瓣，注意每片花瓣完成后都需要照灯，再雕出剩余花瓣

10 用小笔蘸取少量光疗胶，涂抹于花朵中间位置

11 用镊子取钻饰，粘贴于花朵中间位置，照灯固化 60 秒

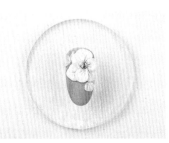

涂抹免洗封层，照灯固化 90 秒，完成

Tips:

● 取雕花胶时，可用湿润酒精后的桔木棒，以缠绕的方式取胶，避免粘笔。

● 雕花过程中需要经常用 95 度酒精来湿润雕花笔，保证雕花胶能迅速成型且不会粘笔。

10.2.2　三瓣花立体雕艺

三瓣花立体雕艺需要的工具和材料有：蓝色甲油胶、雕花笔、雕花胶、免洗封层、钻饰、光疗胶、95 度酒精、小笔、镊子。

三瓣花立体雕艺的制作步骤如下。

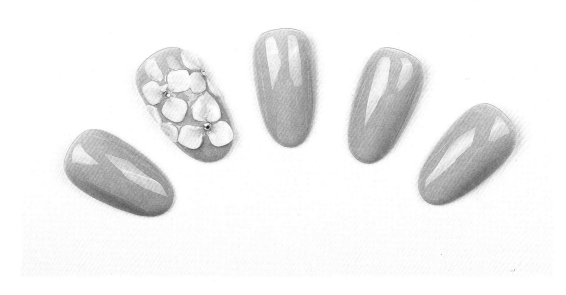

1　涂抹蓝色甲油胶作为底色，照灯固化60秒

2　取出适量雕花胶，揉成小球状后放置于甲面，用95度酒精湿润雕花笔，用笔拍打出形状

3　用雕花笔轻压做出薄薄的花瓣形状，控制好花瓣厚度

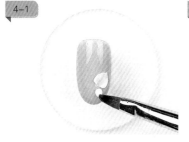

4　同样手法做出剩余的薄片花瓣

5　用同样手法雕出其他花朵

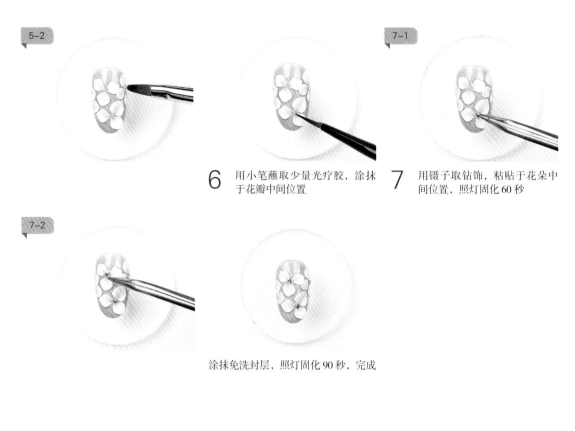

5-2

6 用小笔蘸取少量光疗胶，涂抹于花瓣中间位置

7-1

7 用镊子取钻饰，粘贴于花朵中间位置，照灯固化60秒

7-2

涂抹免洗封层，照灯固化90秒，完成

知识便签

10.2.3 玫瑰立体雕艺

玫瑰立体雕艺需要的工具和材料有：橙色甲油胶、雕花笔、雕花胶、免洗封层、钻饰、光疗胶、95 度酒精、小笔、镊子。

玫瑰立体雕艺的制作步骤如下。

1 涂抹橙色甲油胶作为底色，照灯固化 60 秒

2 用 95 度酒精湿润雕花笔，然后用雕花笔取适宜大小的雕花胶，拍成细长状放置于甲面左上方

3 用雕花笔轻压，做出内侧较薄的月牙形花瓣形状，照灯固化 30 秒

4 同样手法取雕花胶放置于第一片花瓣右侧，一部分稍微重叠

5 用雕花笔轻压，做出错落的第二片花瓣，控制花瓣弧度，照灯固化 30 秒

6-1

6 同样手法做出剩余花瓣

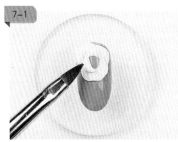

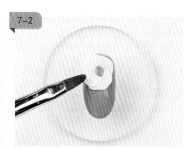

7 控制花瓣形状，做出整体环绕中心的效果，照灯固化30秒

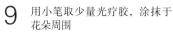

8 同样手法做出内侧的花瓣，照灯固化30秒

9 用小笔取少量光疗胶，涂抹于花朵周围

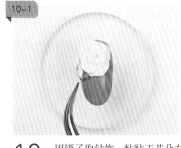

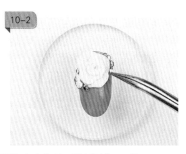

10 用镊子取钻饰，粘贴于花朵左下和右上位置，照灯固化60秒

涂抹免洗封层，照灯固化90秒，完成

知识便签

10.3 微雕浮雕

10.3.1 毛衣微雕画法

毛衣微雕画法需要的工具和材料有：白色甲油胶、白色浮雕胶、小笔、免洗封层。具体步骤如下。

1 涂抹白色甲油胶作为底色，照灯固化60秒

2 用小笔蘸取适量白色浮雕胶，在甲面中间画出连接的弧线

3 同样手法在另一侧画出对称弧线

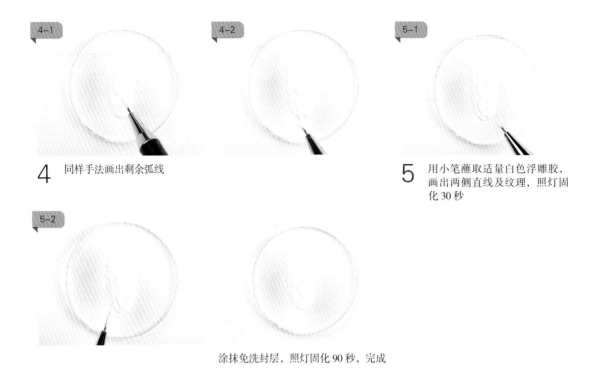

4 同样手法画出剩余弧线

5 用小笔蘸取适量白色浮雕胶，画出两侧直线及纹理，照灯固化30秒

涂抹免洗封层，照灯固化90秒，完成

知识便签

10.3.2　蝴蝶结微雕画法

蝴蝶结微雕画法需要的工具和材料有：小笔、蓝色甲油胶、白色浮雕胶、白色彩绘胶、免洗封层。

具体步骤如下。

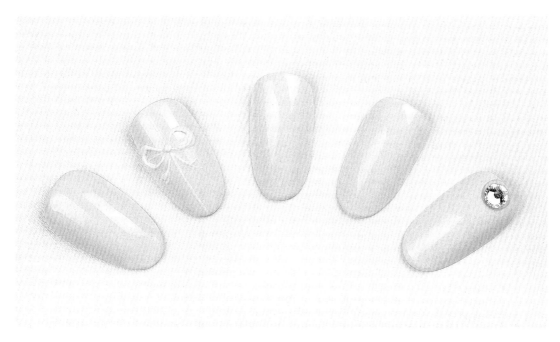

1　涂抹蓝色甲油胶作为底色，照灯固化 60 秒

2　用小笔蘸取少量白色浮雕胶，在甲面中部点出圆点

3　用小笔蘸取白色浮雕胶，以圆点为中心延伸画出弧线形状

4　同样手法画出另一侧对称弧线

5-1

5-2

5　继续用小笔蘸取白色浮雕胶，以圆点中心画出蝴蝶结的丝带

6 用小笔蘸取白色彩绘胶，以圆点为中心画出十字线条，照灯固化30秒　　涂抹免洗封层，照灯固化90秒，完成

知识便签

10.3.3　波纹微雕画法

波纹微雕画法需要的工具和材料有：粉红色甲油胶、小笔、白色浮雕胶、免洗封层。
具体步骤如下。

1　涂抹粉红色甲油胶作为底色，
　照灯固化 60 秒

2　用小笔蘸取适量白色浮雕胶，
　在甲面下方画出弯曲的弧线图案

3　同样手法画出剩余弧线

4-1

4-2

4　控制好弧线指尖的距离，画出均匀分布的图腾图案，照灯固化 30 秒

涂抹免洗封层，照灯固化 90 秒，完成

10.4 晕染技法

10.4.1 琥珀晕染甲

制作琥珀晕染甲需要的工具和材料有：光疗笔、黄色甲油胶、深褐色甲油胶、免洗封层、光疗胶、镊子、金属饰品。

琥珀晕染甲的制作步骤如下。

1 在甲面涂抹免洗封层，暂不照干

2 用光疗笔在甲面涂抹不规则的黄色甲油胶，稍加晕染

3 用光疗笔蘸取少量深褐色甲油胶，在甲面将颜色晕开

4 用光疗笔蘸取深褐色甲油胶，在甲面将颜色自然晕开，控制好深浅，让颜色更自然，照灯固化 60 秒

5 继续在甲面涂抹深褐色甲油胶，加深颜色，做出不规则的晕染效果，照灯固化 60 秒

6 在甲面上方涂抹少量光疗胶

7 用镊子取金属饰品进行粘贴，照灯固化 60 秒

涂抹免洗封层，照灯固化 90 秒，完成

知识便签

10.4.2　大理石晕染甲

　　制作大理石晕染甲需要的工具和材料有：蓝色甲油胶、黑色甲油胶、免洗封层、小笔、拉线笔。

　　具体步骤如下。

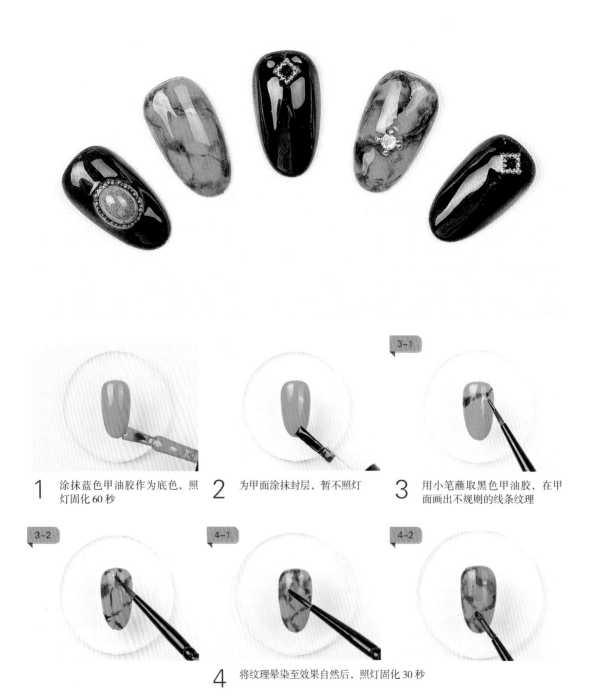

1　涂抹蓝色甲油胶作为底色，照灯固化60秒

2　为甲面涂抹封层，暂不照灯

3　用小笔蘸取黑色甲油胶，在甲面画出不规则的线条纹理

4　将纹理晕染至效果自然后，照灯固化30秒

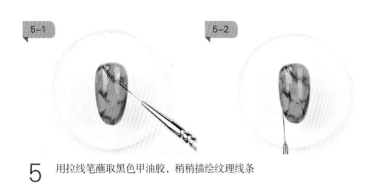

5　用拉线笔蘸取黑色甲油胶，稍稍描绘纹理线条

6　注意控制颜色，做到深浅不一，过渡自然

涂抹免洗封层，照灯固化 90 秒，完成

知识便签

_____

_____

_____

_____

_____

_____

_____

_____

_____

_____

10.4.3　腮红晕染甲

　　制作腮红晕染甲需要的工具和材料有：白色甲油胶、粉色甲油胶、封层、免洗封层、小笔、饰品（珍珠、钢珠）、镊子、光疗胶、95 度酒精。

　　具体步骤如下。

1 涂抹白色甲油胶作为底色，照灯固化 60 秒

2 用小笔蘸取粉色甲油胶，涂抹在甲面中间位置

3 用 95 度酒精清洁笔尖，然后蘸取封层，将粉色部分向甲面四周晕开

4 晕染过程中经常清洗笔尖，保证颜色能自然过渡，形成晕染效果，照灯固化 60 秒

5 在用小笔蘸取少量粉色甲油胶，涂抹在甲面中间

6 清洗笔尖后蘸取免洗封层，用同样手法将粉色晕开，照灯固化 30 秒

7 用小笔蘸取少量光疗胶，涂抹于甲面上方

8 用镊子取饰品进行粘贴

涂抹免洗封层，照灯固化 90 秒，完成

知识便签

10.5 美甲装饰

10.5.1 金属饰品装饰甲

制作金属饰品装饰甲需要的工具和材料有：白色彩绘胶、白色甲油胶、钢珠链、镊子、小笔、金色闪粉甲油胶、圆形金属饰品、光疗胶、免洗封层。

具体步骤如下。

1 涂抹白色甲油胶作为底色，照灯固化后，在甲面中部涂抹光疗胶

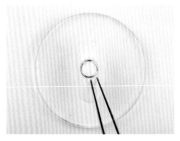

2 用镊子取圆形金属饰品，粘贴于甲面正中

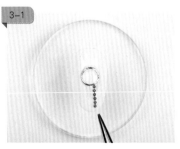

3-1

3 剪下适宜长度的钢珠链，粘贴于圆形饰品下方并依次排列

3-2

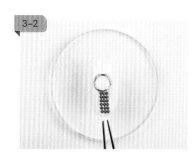

4 同样手法粘贴好上方的钢珠链，用光疗胶包边后照灯固化60秒

5 用小笔蘸取白色彩绘胶，填满圆形饰品中部

6 用小笔蘸取金色闪粉甲油胶，画出图示指针形状

涂抹免洗封层，照灯固化90秒，完成

知识便签

_____

_____

_____

_____

_____

_____

_____

_____

_____

_____

_____

10.5.2 贴纸饰品装饰甲

制作贴纸饰品装饰甲需要的工具和材料有：白色甲油胶、金线、免洗封层、剪刀、镊子。具体步骤如下。

1 涂抹白色甲油胶作为底色，照灯固化60秒

2 在甲面下方粘贴粗的金线

3 用剪刀剪下合适的长度，应比甲面宽度稍短一些，避免起翘，用镊子辅助贴合

4 同样手法剪下金线，并粘贴到所需位置

5 同样手法粘贴细的金线

5-2

涂抹免洗封层，照灯固化90秒，完成

Tips：

● 粘贴金线后，为了加强固定，可以整甲涂抹一层加固胶，照灯固化90秒后，再涂抹封层。

知识便签

_____

_____

_____

_____

_____

_____

_____

_____

_____

_____

_____

_____

10.5.3 钻饰装饰甲

制作钻饰装饰甲需要的工具和材料有：白色甲油胶、光疗胶、光疗笔、钻饰、免洗封层、镊子、钢珠。

钻饰装饰甲的制作步骤如下。

1 涂抹白色甲油胶作为底色，照灯固化60秒

2 用光疗笔蘸取光疗胶涂在甲面上，暂不照灯

3 用镊子取较大的钻饰贴于甲面正中

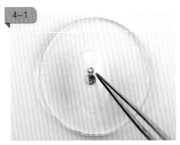

4 用镊子取稍小的钻饰贴在大钻周围

5 用镊子取金色小钢珠贴于钻饰中间位置

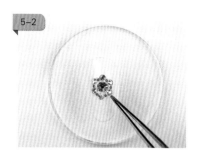

6　同样手法在钻的外侧粘贴金色小钢珠

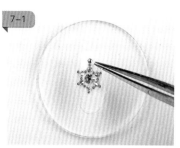

7　在小钢珠的外侧再次粘贴钻饰，照灯固化 30 秒

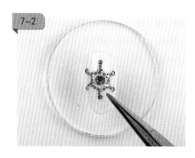

涂抹免洗封层，照灯固化 90 秒，完成

Tips：
● 粘贴钻饰后，为了加强固定，可以整甲涂抹一层加固胶，照灯固化 90 秒后，再涂抹封层。

知识便签

CPMA 全称是 Certification of Professional Manicurist Association，是一项中国美甲行业的自律体系，对美甲师、美甲讲师进行规范和认证。CPMA 的宗旨在于推动中国美甲行业统一标准的建立，促进中国美甲技师服务技术的提升以及中国美甲沙龙服务和管理水平的进步。CPMA 是目前全国辐射最广泛的培训认证体系，特有的 ETC 体系与 PROUD 评分系统受到全国美甲师认可。截至 2020 年，CPMA 已在全国设立 26 处考点，通过认证的学员已有 10000 余人，目前 CPMA 认证美甲师已遍布全国。

CPMA 包括三个核心的部分：培训体系、认证考试、职业发展。

CPMA 培训体系

CPMA 培训体系包括系列教材、视频教学、培训课程三个部分。

系列教材由中国和日本数十位美甲行业名师共同起草和审阅，结合日本先进美甲技术与中国市场和传统，深受美甲师认可，自 2016 年以来已发行 80000 余册，是美甲行业最具影响力的教材之一。

视频教学由日本 JNA 本部认定讲师、CPMA 理事会副理事长崔粉姬老师主讲，相关专业手法教学视频都在美甲帮 APP 的"教程"板块一一呈现。

CPMA 认证考试

CPMA 认证考试是中国影响力最大、参与人数最多的美甲专业认证考试。内容包括理论与技能考试，特有中国美甲行业最规范的 PROUD 评分标准，以保证认证具有行业认可的公信力。通过考试的考生将获得具二维码防伪技术的 CPMA 认证证书，可随时在网上查询证明。

CPMA 职业发展

CPMA 美甲师认证分为一级、二级、三级三个级别，覆盖美甲师职业发展的整条路线。一级美甲师认证适合刚入门的美甲师，主要内容为基础修手、护理、上色、卸甲等的规范手法和简单技巧。二级美甲师认证适合有一定经验的美甲师，主要内容为光疗、手绘、三色渐变等较复杂款式。三级美甲师认证适合经验丰富的美甲师，主要内容为高端技法和款式设计。

CPMA 讲师认证分为一级、二级、三级三个级别，适合希望向技术培训讲师方向发展的美甲师。已经获得二级美甲师认证的美甲师可以报名 CPMA 一级讲师认证。讲师认证的主要内容为沟通与管理能力培训、授课技巧培训、专业进阶技术培训等。

更多内容可咨询

报名直达链接